# Forschungsberichte

**Band 76**

**Berichte aus dem
Institut für Werkzeugmaschinen
und Betriebswissenschaften
der Technischen Universität
München**

**Herausgeber:
Prof. Dr.-Ing. G. Reinhart
Prof. Dr.-Ing. J. Milberg**

**Springer-Verlag**

**Brigitte Zipper**

# Das integrierte Betriebsmittelwesen – Baustein einer flexiblen Fertigung

Mit 64 Abbildungen

Springer-Verlag Berlin Heidelberg GmbH

Dipl.-Ing. Brigitte. Zipper
Institut für Werkzeugmaschinen und Betriebswissenschaften (iwb), München


Univ.-Prof. Dr.-Ing. G. Reinhart
o. Professor an der Technischen Universität München
Institut für Werkzeugmaschinen und Betriebswissenschaften (iwb), München

Univ.-Prof. Dr.-Ing. J. Milberg
o. Professor an der Technischen Universität München
Institut für Werkzeugmaschinen und Betriebswissenschaften (iwb), München

D 91

ISBN 978-3-540-58222-9        ISBN 978-3-662-06468-9 (eBook)
DOI 10.1007/978-3-662-06468-9



Gesamtherstellung: Hieronymus Buchreproduktions GmbH, München.
SPIN: 10473750        62/3020-543210

# Geleitwort der Herausgeber

Die Produktionstechnik ist für die Weiterentwicklung unserer Industriegesellschaft von zentraler Bedeutung. Denn die Leistungsfähigkeit eines Industriebetriebes hängt entscheidend von den eingesetzten Produktionsmitteln, den angewandten Produktionsverfahren und der eingeführten Produktionsorganisation ab. Erst das optimale Zusammenspiel von Mensch, Organisation und Technik erlaubt es, alle Potentiale für den Unternehmenserfolg auszuschöpfen.

Um in dem Spannungsfeld Komplexität, Kosten, Zeit und Qualität bestehen zu können, müssen Produktionsstrukturen ständig neu überdacht und weiterentwickelt werden. Dabei ist es notwendig, die Komplexität von Produkten, Produktionsabläufen und -systemen einerseits zu verringern und andererseits besser zu beherrschen.

Ziel der Forschungsarbeiten des *iwb* ist die ständige Verbesserung von Produktentwicklungs- und Planungssystemen, von Herstellverfahren und Produktionsanlagen. Betriebsorganisation, Produktions- und Arbeitsstrukturen und Systeme zur Auftragsabwicklung im Unternehmen werden unter besonderer Berücksichtigung mitarbeiterorientierter Anforderungen entwickelt. Die dabei notwendige Steigerung des Automatisierungsgrades darf jedoch nicht zu einer Verfestigung arbeitsteiliger Strukturen führen. Fragen der optimalen Einbindung des Menschen in den Produktentstehungsprozeß spielen deshalb eine sehr wichtige Rolle.

Die im Rahmen dieser Buchreihe erscheinenden Bände stammen thematisch aus den Forschungsbereichen des *iwb*. Diese reichen von der Produktentwicklung über die Planung von Produktionssystemen hin zu den Bereichen Fertigung und Montage. Steuerung und Betrieb von Produktionssystemen, Qualitätssicherung, Verfügbarkeit und Autonomie sind Querschnittsthemen hierfür. In den *iwb*-Forschungsberichten werden neue Ergebnisse und Erkenntnisse aus der praxisnahen Forschung des *iwb* veröffentlicht. Diese Buchreihe soll dazu beitragen, den Wissenstransfer zwischen dem Hochschulbereich und dem Anwender in der Praxis zu verbessern.

*Joachim Milberg*                                        *Gunther Reinhart*

# Vorwort

Die vorliegende Dissertation entstand während meiner Tätigkeit als wissenschaftliche Mitarbeiterin am Institut für Werkzeugmaschinen und Betriebswissenschaften (iwb) der Technischen Universität München.

Den Herrn Professoren Dr.-Ing. J. Milberg und Dr.-Ing. G. Reinhart, den Leitern dieses Instituts, gilt mein besonderer Dank für die wohlwollende Förderung und großzügige Unterstützung meiner Arbeit.

Herrn Prof. Dr.-Ing. J. Heinzl, dem Leiter des Lehrstuhls für Feingerätebau und Getriebelehre, danke ich für die Übernahme des Koreferates und die aufmerksame Durchsicht der Arbeit.

Darüber hinaus möchte ich allen Mitarbeiterinnen und Mitarbeitern des Instituts und allen Studenten, die mich bei der Erstellung meiner Arbeit unterstützt haben, recht herzlich danken.

München, im Mai 1994

*Brigitte Zipper*

# Inhaltsverzeichnis

# 1 Einleitung und Zielsetzung

Höhere Anforderungen an die Qualität der Produkte, kürzere Produktentwick-
lungszeiten und kleinere Losgrößen sind die Kennzeichen der momentanen
Marktsituation. Für ein Unternehmen, das seine Marktanteile sichern möchte, bedeutet das, auf diese Anforderungen einzugehen um sich Vorteile gegenüber dem
Mitbewerber zu verschaffen. Durch die zunehmende Öffnung nationaler Märkte
und internationale Handelsabkommen stehen die Unternehmen nicht nur mit
Konkurrenten aus dem Inland, sondern auch aus dem Ausland im Wettbewerb
[AWK 90a]. Vor allem durch höhere Kosten, wie z.B. hohe Lohn- und Lohnne-
benkosten gerät der Produktionsstandort Deutschland gegenüber anderen Ländern
in Nachteil (Bild 1-1).

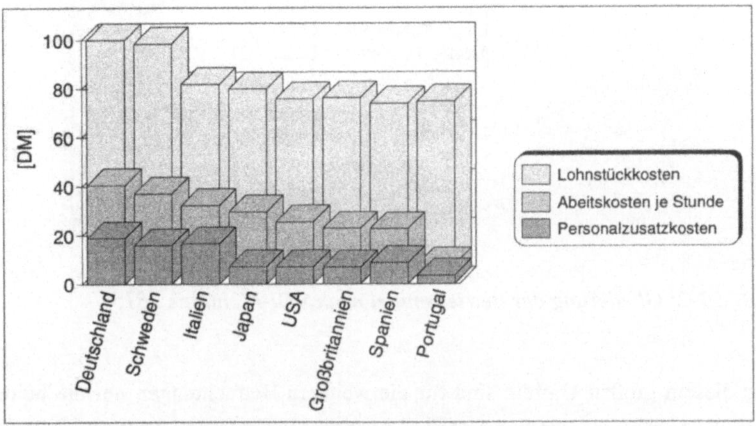


*Bild 1-1: Vergleich der Arbeitskosten 1991 in DM*
*Quelle: EG-Kommission; OECD; IW*

Um in diesem geänderten Marktgefüge bestehen und seine Marktsegmente ver-
teidigen zu können, muß das Unternehmen mit einer hohen Flexibilität im Produktionsbereich bei sinkenden Losgrößen und mit niedrigeren Fertigungskosten
reagieren. Zentraler Ansatzpunkt ist somit, Kosten und Zeit zu sparen, wobei
oftmals Zeitersparnis mit einer Kosteneinsparung einhergeht [MILB 91].

## 1.1   Kostenfaktor Betriebsmittelwesen

Als erstes soll hier der Begriff "Betriebsmittel", wie er im weiteren verwendet wird, definiert werden. Nach VDI-Richtlinie 2815 versteht man unter Betriebsmitteln Anlagen, Geräte und Einrichtungen, die zur betrieblichen Leistungserstellung dienen [VDI 78]. Aufgrund ihrer Vielfältigkeit werden die Betriebsmittel in 7 Bereiche untergliedert (Bild 1-2).

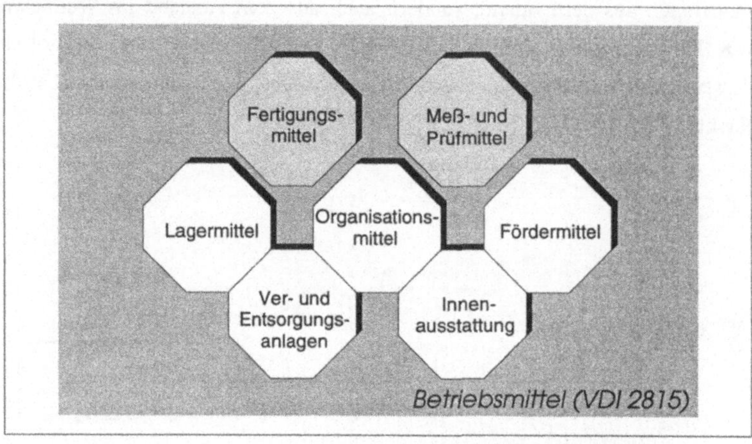


*Bild 1-2: Gliederung der Betriebsmittel nach VDI-Richtlinie 2815*

Aus diesem großen Umfeld sind für die weiteren Betrachtungen nur die beiden Bereiche Fertigungsmittel und Meß- und Prüfmittel relevant. In diesen Kategorien sind sowohl die Maschinen, wie z.B. eine Werkzeugmaschine oder ein Koordinatenmeßgerät, sowie Werkzeuge, Vorrichtungen bzw. Meßschieber oder Lehrdorne enthalten, wobei die Maschinen und Anlagen im weiteren nicht mehr Gegenstand der Betrachtungen sind. Mit dem Begriff Betriebsmittel werden im folgenden Werkzeuge, Vorrichtungen, Formen sowie Meß- und Prüfmittel in Form von Lehren, Meßtastern u.ä. bezeichnet.

Der direkte Einfluß des Betriebsmittelwesens auf die Kostenstruktur eines Unternehmens ist höher als man es augenscheinlich vermuten würde. Betrachtet man den Gesamtkapitaleinsatz für ein Bearbeitungszentrum, stellt man fest, daß nur ca. 43% der Kosten auf die Maschineninvestition entfallen. Die restlichen 57% verteilen sich, wie in Bild 1-3 dargestellt, auf Betriebsmittel, in diesem Fall auf Vorrichtungen und Werkzeuge [VIEH]. Versucht man diesen Kostenfaktor zum Beispiel dadurch zu reduzieren, daß keine teuren Sonderwerkzeuge beschafft werden sollen, erreicht man zwar unmittelbar eine Senkung der Kosten im Betriebsmittelbereich, erhöht damit aber indirekt die Fertigungskosten, da durch den Einsatz von Standardwerkzeugen im Vergleich zu Sonderwerkzeugen keine optimale Bearbeitung möglich ist und damit die reinen Bearbeitungszeiten ansteigen [WARN 91].

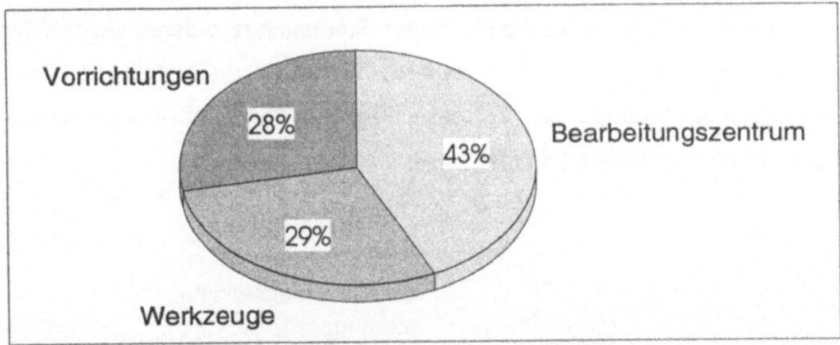


*Bild 1-3: Kapitaleinsatz bei Bearbeitungszentren [VIEH]*

Zudem zeigt sich auch, daß der Bereich des Betriebsmittelwesens in der Regel bestandsmäßig vom Unternehmen nicht quantifiziert werden kann. Das bedeutet, daß in diesem Bereich relativ viel Kapital gebunden ist, das zum Teil jedoch nicht produktiv in der Wertschöpfungskette eingesetzt wird [TÖNS 92b]. Grund für hohe Bestände ist auch die hohe Durchlaufzeit der Betriebsmittel, die aus einer mangelnden Terminierung und Steuerung des Betriebsmittelflusses resultiert [STEI 84, VIEH 86]. Als Durchlaufzeit eines Betriebsmittels wird hier der Zeitraum bezeichnet, der von der Ausgabe des Betriebsmittels im Lager über Einsatz, Bewertung und Instandsetzung bis zu seiner Rückkehr ins Lager verstreicht und es für den nächsten Einsatz wieder zur Verfügung steht.

Neben diesen direkten Kosten, die im Bereich der Beschaffung und Lagerung der Betriebsmittel anfallen, hat das Betriebsmittelwesen, wie bereits angesprochen, auch Einfluß auf die Fertigungskosten. Dieser Einfluß wirkt sich in Form von Störungen des Fertigungsablaufes aus. Durch eine Verzögerung der Betriebsmittelbereitstellung wird automatisch ein Anlagenstillstand verursacht. Weit schwerwiegender wirken sich Fehler bei der Bereitstellung aus. Werden zum Beispiel Werkzeuge falsch eingestellt bzw. deren Korrekturdaten falsch in die Maschinensteuerung eingegeben, sind damit in der Regel Produktionsausfälle verbunden.

Betrachtet man die Nutzungszeit von Produktionsanlagen, können 20% der möglichen Zeit aufgrund organisatorischer Schwachstellen nicht genutzt werden (Bild 1-4) [GRAN 89]. Die betriebsmittelbedingten Störungen resultieren aus falschen, fehlenden oder fehlerhaften Vorrichtungen, Werkzeugen, Einstelldaten sowie NC-Programmen. Wichtig ist somit, das richtige Werkzeug zur richtigen Zeit am richtigen Ort bereitzustellen [N.N. 89].

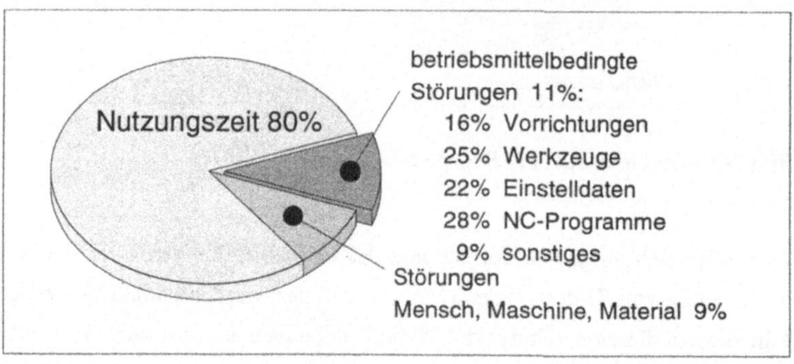


*Bild 1-4: Organisatorisch bedingte Stillstandszeiten [GRAN 89]*

Die Bereitstellung der Betriebsmittel an den Fertigungsanlagen wird in der Regel als unproblematisch betrachtet. Bei genauerer Analyse der Anlagenstillstandszeiten zeigt sich aber, daß genau die Versorgung mit den benötigten Betriebsmitteln oft zu langen, zeitlich nicht kalkulierbaren Störungen im Fertigungsablauf führt.

## 1.2 Rationalisierungspotentiale im Fertigungsbereich

Im Fertigungsbereich bedeutet Kosten- und Zeitsparen vor allem ein optimales Nutzen der bestehenden Ressourcen. Rationalisierungsmaßnahmen beginnen traditionell an der Maschine und haben eine Steigerung der Nutzlaufzeit zum Ziel. Maßnahmen wie DNC-Fähigkeit der Maschinensteuerungen oder Offline-NC-Programmierung gehören mittlerweile zum Stand der Technik. Eine weitere Steigerung der Nutzlaufzeiten wird durch die Automatisierung der Werkstück- und Werkzeugversorgung erzielt. Durch einen Mehrschichtbetrieb kann die Nutzlaufzeit noch einmal gesteigert werden. Allerdings rechnet sich eine derartige Steigerung der Produktionszeit nur dann, wenn dabei der Personalbedarf nicht in gleichem Maße mitgesteigert wird [N.N. 90a]. Die Forderung geht also in Richtung einer mannarmen dritten Schicht.

Eine Kostenreduktion kann aber auch durch eine Verkürzung der Durchlaufzeiten erreicht werden. Neben den technischen Maßnahmen im Bereich der Maschine kommen hier im besonderen organisatorische Maßnahmen im Bereich der Fertigungsstruktur zum Tragen. Die Durchlaufzeit resultiert zu einem sehr hohen Prozentsatz aus Liegezeiten (Bild 1-5) [EVER 89b].

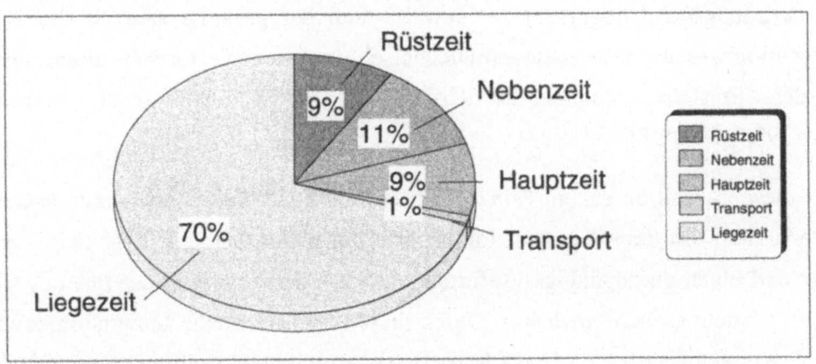


*Bild 1-5: Zusammensetzung der Durchlaufzeit in der Fertigung [EVER 89b]*

Vollständig können diese Zeiten zwar nicht vermieden werden, durch eine bessere Abstimmung der einzelnen Bearbeitungsstationen aufeinander können sie aber deutlich reduziert werden. Auch die räumliche Anordnung der Bearbeitungsstationen trägt ihren Teil zur Reduzierung der Transportzeiten bei. Unter diesen Aspekten werden in vielen Unternehmen Überlegungen angestellt, von der traditionellen Struktur einer verrichtungsorientierten Fertigung zu einer gruppenorientierten Struktur zu kommen, wie sie ein flexibles Fertigungssystem oder noch stärker eine Fertigungsinsel darstellen [SHAH 91].

Die geänderten Anforderungen an die Fertigung stellen zugleich höhere Anforderungen an die termingerechte, auftragsbezogene Bereitstellung der Betriebsmittel. Aufgrund der höheren Flexibilität im Fertigungsbereich wird eine höhere Reaktionsfähigkeit auf Änderungen des Fertigungsprogramms im Bereich der Betriebsmittel nötig [BALB 92a]. Unter dem Aspekt zu hoher Bestände gewinnt aber auch die Bereitstellung der Betriebsmittelinformationen, wie aktueller Bestand, Verfügbarkeit, Lager- und Einsatzort, geplante Einsatzdauer und Einsatztermin etc., im Bereich der Arbeitsvorbereitung an Bedeutung.

## 1.3    Zielsetzung der Arbeit und Vorgehensweise

Um nun der Forderung nach einem effizienten Einsatz vorhandener Ressourcen im Fertigungsbereich gerecht zu werden, muß der gesamte Bereich des Betriebsmittelwesens informationsflußtechnisch und organisatorisch umgestaltet werden. Erst dann können die Kosten- und Zeitpotentiale genutzt werden [N.N. 92, TÖNS 91].

Ziel dieser Arbeit ist es, ein Konzept für ein ganzheitliches Betriebsmittelwesen zu erstellen, das dem zentralen Punkt der Informationsbereitstellung Rechnung trägt und einen durchgängigen Informationsfluß ausgehend von der Planung bis in die Fertigungsebene realisiert. Durch diese datentechnische Integration sowie durch Automatisierung im Bereich der Betriebsmittelbereitstellung und die damit verbundene Kopplung der dispositiven und operativen Bereiche des Betriebsmittelwesens zu einem umfangreichen und vielschichtigen System sollen Störungen im Auftragsdurchlauf, die auf fehlende oder falsche Informationen zurückzuführen sind, vermieden werden. Gleichzeitig kann durch dieses Betriebsmittelwesen, das in ein flexibles Fertigungssystem implementiert werden soll, die Möglichkeit geschaffen werden, Bestände und Kosten des Betriebsmittelbereichs zu quantifizieren und zu reduzieren und die zur Verfügung stehenden Ressourcen optimal zu nutzen.

Um die einzelnen Schritte und Maßnahmen, die das integrierte Betriebsmittelwesen erfordert, entsprechend erläutern zu können, wird im folgenden Kapitel der Stand der Technik in bezug auf das Betriebsmittelwesen dargestellt. Hieraus können die Anforderungen an das Betriebsmittelwesen abgeleitet werden. In Kapitel 4 wird das Gesamtkonzept für das Betriebsmittelwesen auf den einzelnen Ebenen dargestellt. Die Realisierung, die für die dispositiven und operativen Bereiche getrennt angegangen wird, folgt in Kapitel 5 und 6. Abschließend werden noch einmal die grundlegenden Gedanken und Maßnahmen des integrierten Betriebsmittelwesens zusammengefaßt.

# 2   Situationsanalyse im Betriebsmittelwesen

Das Betriebsmittelwesen ist ein zentraler Bestandteil des Fertigungsbereichs. Es stellt eine Querschnittsfunktion innerhalb des Unternehmens dar, die sowohl die Weitergabe von Informationen als auch die Bereitstellung der Betriebsmittel als solche beinhaltet. Ein Charakteristikum des Betriebsmittelwesens ist, daß es von der Fertigungsstruktur des Unternehmens beeinflußt wird. Für die weiteren Betrachtungen wird hier als Fertigungsumgebung ein flexibles Fertigungssystem gewählt.

In diesem Kapitel sollen die Grundlagen des Betriebsmittelwesens dargestellt werden. Gegliedert nach den beiden Bereichen Fertigungsvorfeld und Fertigung werden einzelnen Tätigkeiten und die Situation im Umfeld des Betriebsmittelwesens beschrieben und im Anschluß daran die bestehenden Schwachstellen aufgezeigt.

Die Beschreibung der Situation in der Industrie gründet dabei auf umfangreichen Analysen des Betriebsmittelbereiches sowie auf einzelnen Gesprächen mit entsprechenden Mitarbeitern in verschiedenen Unternehmen. Um die Anforderungen an die Informationsbereitstellung und vor allem auch die Inhalte und die Art der Bereitstellung dieser Informationen genau analysieren zu können, wurde in einem Unternehmen über mehrere Monate eine exakte Analyse aller Aktionen und Tätigkeiten im Bereich des Fertigungsvorfeldes sowie der Fertigung gemacht. Die Situationsanalyse und die Beschreibung der Problemfelder und Schwachstellen an den einzelnen Stationen des Auftragsdurchlaufes spiegeln somit den Zustand in den einzelnen Unternehmen wider.

## 2.1   Aufbau eines flexiblen Fertigungssystems

Da das Betriebsmittelwesen speziell in der Umgebung eines flexiblen Fertigungssystems betrachtet wird, soll zu Beginn dieser Arbeit diese spezifische Fertigungsstruktur beschrieben werden. Das flexible Fertigungssystem stellt ein mehrstufiges Fertigungssystem dar, das vor allen Dingen durch seinen hohen Automatisierungsgrad gekennzeichnet ist (Bild 2-1).

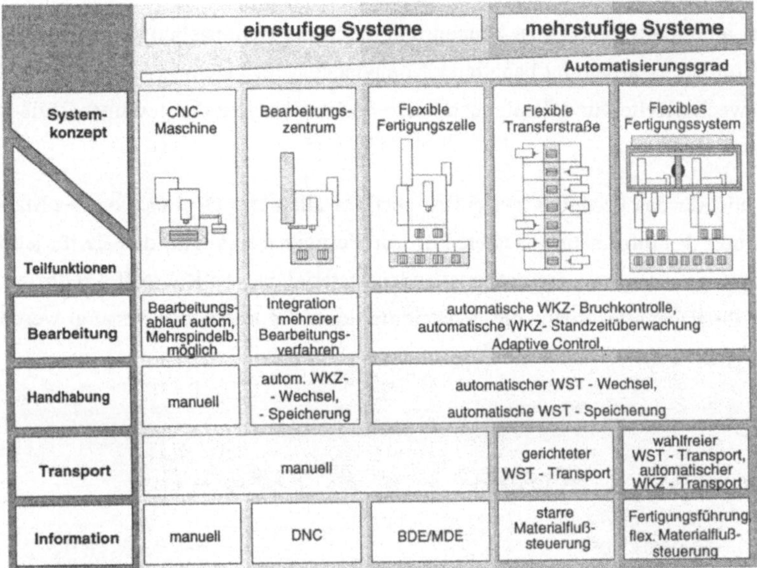


*Bild 2-1: Kennzeichen unterschiedlicher Fertigungskonzepte*

Grundlage des Fertigungssystems sind einzelne Bearbeitungsstationen oder Fertigungszellen, die durch ein zentrales Materialflußkonzept miteinander verknüpft sind. Die Fertigungsanlagen in den Zellen verfügen über DNC-fähige Steuerungen, die durch prozeßüberwachende Systeme, wie zum Beispiel eine Werkzeugbruchkontrolle, ergänzt werden. Um eine möglichst hohe Produktivität der Maschinen zu erzielen, erfolgt die Bereitstellung und Pufferung der Werkstücke und Werkzeuge im maschinennahen Bereich. Der Werkzeugwechsel während der Bearbeitung und auch der Werkstückwechsel am Ende der Bearbeitung kann durch in die Maschine integrierte Wechselvorrichtungen und Werkstückspannvorrichtungen realisiert werden. Weitere Tätigkeiten, die zum Beispiel beim Aufrüsten der Maschine für einen Fertigungsauftrag anfallen, können durch ein in die Zelle integriertes Handhabungssystem erledigt werden. Hierzu zählt das Bestücken der maschineninternen Werkzeugspeicher, sowie die Versorgung der Maschine während der gesamten Bearbeitung mit Werkstücken. Ziel der Automatisierungsbestrebungen im Bereich der Fertigungszelle ist es, die Maschine möglichst autonom betreiben zu können und durch die Bereitstellung und Lagerung aller für die Bearbeitung benötigter Komponenten im Zellenbereich, kurze Auftragswechselzeiten und damit auch kurze Stillstandszeiten der gesamten Zelle zu erreichen.

Wichtig für das Fertigungssystem ist aber vor allem die Organisation des Material- und des Informationsflusses. Für jede Fertigungszelle gilt, daß sie für jeden Fertigungsauftrag mit den entsprechenden Materialien, wie Rohstoffe, Halbzeuge oder Betriebsmittel, sowie mit den erforderlichen Informationen versorgt werden muß (Bild 2-2).

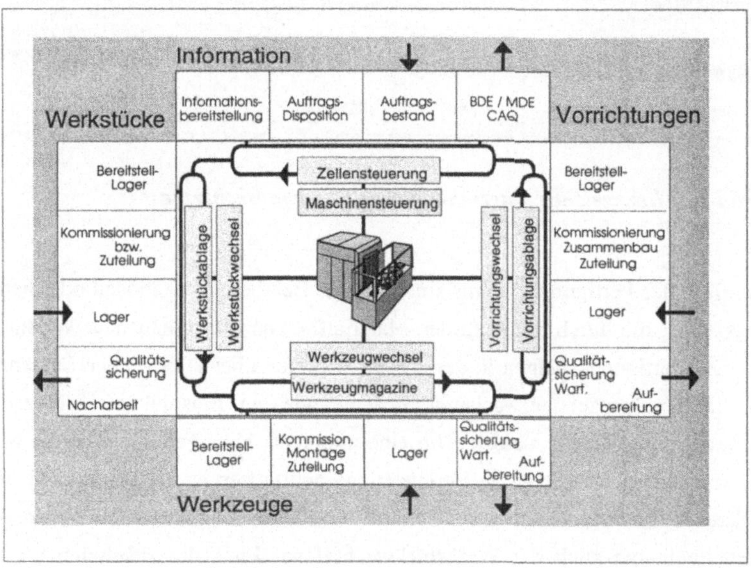


*Bild 2-2: Strukturelemente einer flexiblen Fertigungszelle [nach WEST 86]*

Dem Materialfluß kommt innerhalb eines flexiblen Fertigungssystems eine zentrale Bedeutung zu. Durch ihn werden die zelleninternen Lager- und Pufferplätze ver- und entsorgt. Um den Materialfluß zwischen den einzelnen Zellen automatisiert zu ermöglichen, sind die Schnittstellen zum Materialfluß und damit auch die Transportmittel standardisiert. Durch den Einsatz eines fahrerlosen Transportsystems kann im Fertigungssystem eine hohe Flexibilität und damit auch Produktivität erreicht werden. Inhaltlich kann der Materialfluß in einem Fertigungssystem noch einmal in zwei Bereiche untergliedert werden. Das ist zum einen der Werkstückfluß und zum anderen der Betriebsmittelfluß. Während die Werkstücke als Rohmaterial oder Halbzeuge in das Fertigungssystem eingeschleust werden und es als Fertigteile wieder verlassen, befinden sich die Betriebsmittel in einem ständigen Kreisfluß. Sie unterliegen selbst keiner Wertschöpfung und werden nach ihrem Einsatz wieder in das Betriebsmittellager zurücktransportiert, wo sie aufbereitet und von wo aus sie für den nächsten Fertigungsauftrag wieder in das Fertigungssystem eingeschleust werden. Diesen unterschiedlichen logistischen Anforderungen muß entsprechend auch in der Steuerstruktur des Fertigungssystems Rechnung getragen werden [FRIE 90].

Um die einzelnen Zellen und den Materialfluß untereinander richtig zu steuern und zu koordinieren, ist eine entsprechende Steuerstruktur erforderlich. Hier findet ein streng hierarchisch aufgebautes Ebenenmodell Anwendung (Bild 2-3).

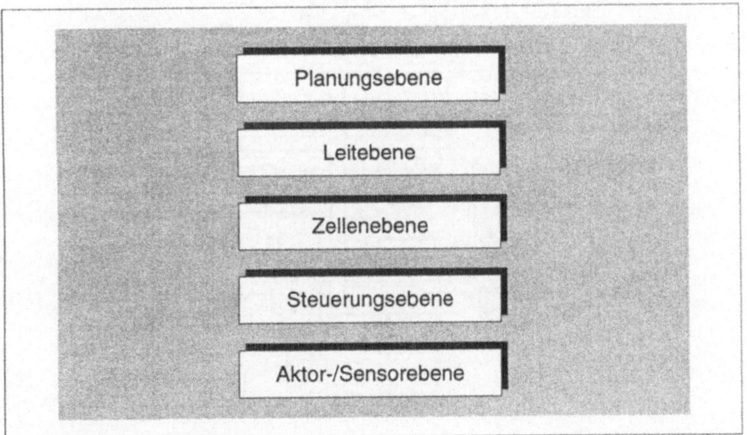


*Bild 2-3: Hierarchieebenen der Fertigung*

In der Planungsebene sind Funktionalitäten wie Arbeitsplanung, Arbeitsteuerung oder Konstruktion angesiedelt. Die Ergebnisse dieser Funktionen stellen die Eingangsgrößen für die daran anschließende Leitebene dar. Auf dieser Ebene ist die Koordination der Fertigung sowie Steuerung und Überwachung der Auftragsabarbeitung. Auf Zellenebene werden dann die zelleninternen Abläufe gesteuert und koordiniert. Unterhalb der Zellenebene sind Steuerungs- und Aktor-/ Sensorebene angesiedelt [AWK 90b].

Für ein flexibles Fertigungssystem sollen die einzelnen Ebenen mit den entsprechenden Aufgaben dargestellt werden. Das gesamte Fertigungssystem wird von einem Fertigungsleitrechner gesteuert, der den Gesamtüberblick über das Fertigungsgeschehen und den Zustand der einzelnen Fertigungszellen hat (Bild 2-4).

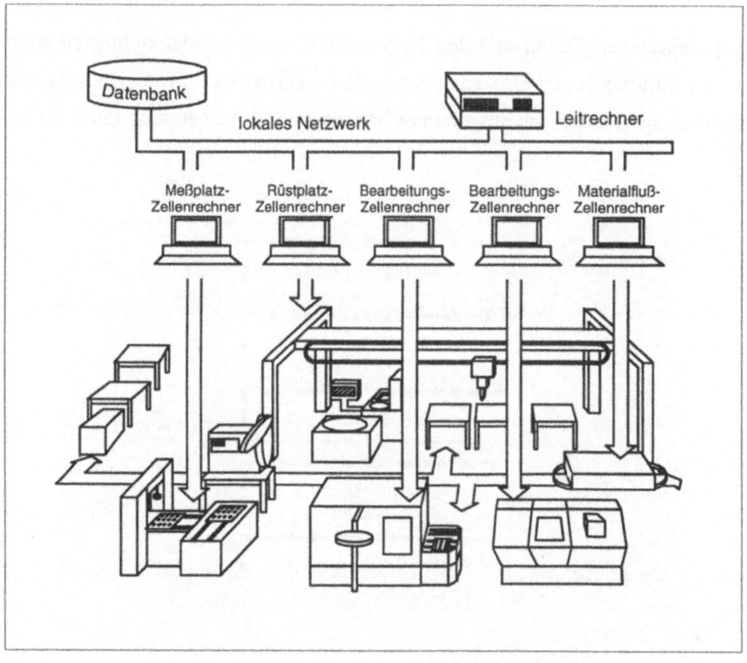


*Bild 2-4: Rechnerhierarchie in einem flexiblen Fertigungssystem*

Die einzelnen Aufträge, die in den Zellen bearbeitet werden, werden vom Leitsystem (LS) aus an die entsprechenden Zellenrechner (ZR) weitergegeben. Die Abarbeitung der Aufträge erfolgt nun in Eigenverantwortung der Zellen. Die dazu erforderlichen Informationen erhält der Zellenrechner entweder vom Leitsystem oder er ruft sie aus der zentralen Datenbank ab. Ist ein Auftrag komplett abgearbeitet, erfolgt eine Fertigmeldung an das Leitsystem, das nun wieder Aufträge in die Zelle einlasten kann. Tritt während der Bearbeitung innerhalb der Zelle eine Störung auf, wird dies, sofern die Zelle nicht selbst imstande ist, die Störung zu beheben, an das Leitsystem weitergemeldet, das dann entsprechend störungsbehebende Maßnahmen einleitet.

Da die einzelnen Zellen weitgehend entkoppelt arbeiten können, ist ihnen jeweils ein Zellenrechner zugeordnet. Aufgabe dieses Zellenrechners ist es, alle Aktionen, die in der Zelle ablaufen, zu steuern und zu koordinieren. Hierzu zählt auch, die Maschine für einen Auftrag vorzubereiten, das heißt die entsprechenden NC-Programme, die Werkzeugkorrekturdaten und die Verfahrprogramme für die Handhabungseinrichtungen bereitzustellen. Die Koordination mit dem Materialflußsystem, das für die Bereitstellung aller benötigten Komponenten und entsprechend für die Entsorgung der Zelle verantwortlich ist, erfolgt auf horizontaler Ebene über einen speziellen Materialflußzellenrechner [NEDE 91].

## 2.2    Ausgangssituation im Bereich der Planung

In diesem Kapitel sollen die einzelnen Tätigkeiten, die auf Planungsebene im Rahmen der technischen Auftragsabwicklung stattfinden, in bezug auf das Betriebsmittelwesen dargestellt werden. Die Beschreibung der einzelnen Tätigkeiten beschränkt sich hierbei auf die betriebsmittelrelevanten Bereiche.

Da die einzelnen Tätigkeiten des Fertigungsvorfeldes fast ausnahmslos planenden Charakter haben und aufbauend aufeinander jeweils Auftragsdaten des vorhergehenden Bereichs aufgreifen und verfeinern und damit neue Informationen erzeugen, hat sich in diesem Bereich der Gedanke einer rechnergestützten Datenhaltung bereits weitgehend durchgesetzt. Wie die Unternehmensanalyse belegt, werden an vielen Stellen des Vorfeldes Rechner und Informationssysteme zur Unterstützung der Mitarbeiter herangezogen. Die Durchgängigkeit der Daten ist aber noch nicht für alle Bereiche gegeben.

## 2.2.1   Konstruktion

Die Konstruktion stellt einen Bereich dar, der massiv Einfluß auf den Betriebsmittelaufwand und damit auch auf die Betriebsmittelkosten hat. Während eine Variantenkonstruktion in der Regel nur Anpaßänderungen an Spann- oder Prüfvorrichtungen erfordern, ziehen neue Produktentwicklung auch Neukonstruktionen von Vorrichtungen und anderen Betriebsmitteln nach sich. Ebenso werden durch die konstruktive Gestaltung des Bauteils Fertigungsverfahren und damit auch die nötigen Fertigungshilfsmittel wie Werkzeuge aber auch Prüfvorrichtungen festgelegt. Das Produkt als solches hat vom Prinzip her Vorrang vor den Kostenzwängen des Betriebsmittelwesens. Das bedeutet, daß letztendlich oftmals Entwicklungen unter Priorität der Funktionalität und des Neuheitswertes des Produktes gemacht werden, die dem Fertigungsprozeß und damit auch der Senkung der Fertigungskosten entgegenwirken. Wie in Bild 2-5 dargestellt, werden in der Konstruktion ca. 80% der anfallenden Fertigungskosten verursacht [EVER 89b].

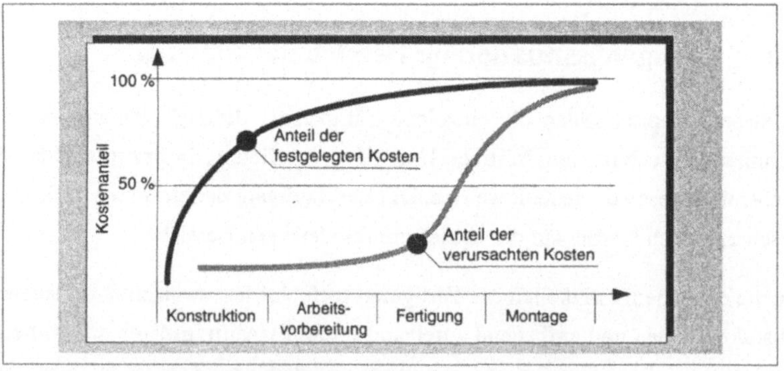


*Bild 2-5: Kostenverursachung und -festlegung während der Auftragsabwicklung*

Um entsprechend kostendämpfend zu arbeiten, halten Standardisierungsmaß-
nahmen in der Konstruktion Einzug. Durch die Bereitstellung von Makros ermöglichen CAD-Systeme eine zum einen schnelle Konstruktion und zum anderen
den Einsatz bereits erprobter Vorgehensweisen. Hier kommt bereits deutlich das
Streben nach einer Weiterverwendung von Informationen und Daten zum Aus-
druck, wobei dadurch aber in keinem Fall die Kreativität der Konstrukteure eingeschränkt werden soll. Basierend auf diesen Konstruktionsvorgaben können Ab-
schätzungen des zukünftigen Betriebsmittelbestandes gemacht werden, da die
Standardisierung in der Konstruktion mittelbar auch eine Reduktion der Betriebsmittelvielfalt zur Folge hat [EHL 91, SPUR 84, TÖNS 89].

## 2.2.2 Arbeitsplanung

Die Arbeitsplanung ist ein Teilbereich der Arbeitsvorbereitung. Unter dem Begriff "Arbeitsplanung" sind verschiedene planerische Tätigkeiten mit unterschiedlichen Planungshorizonten zusammengefaßt. Für den Betriebsmittelbereich
sind jedoch hauptsächlich die Funktionen Betriebsmittelplanung und NC-Programmierung relevant. Im allgemeinen hat die Arbeitsplanung primär zur Aufgabe, die Ergebnisse der Konstruktion, die in Form von Zeichnungen und Stücklisten vorliegen, in Fertigungsunterlagen umzusetzen. Nach Abschluß der Arbeitsplanung kann diesen Unterlagen genau entnommen werden, wie der Fertigungsablauf aussieht, mit welchen Fertigungshilfsmitteln und Maschinen bearbeitet werden soll und in welcher Zeit die Bearbeitung des Bauteils erfolgen
soll [EVER 89a].

Bei der Beurteilung der Fertigungsaufgabe kann bereits frühzeitig die Notwendigkeit des Einsatzes von spezifischen Vorrichtungen oder Sonderwerkzeugen erkannt werden, die dann mit großem zeitlichen Vorlauf zur Einlastung des Auftrages in die Fertigung als Anforderung an die Betriebsmittelkonstruktion bzw. die
Beschaffung weitergeleitet werden kann.

### 2.2.2.1  Betriebsmittelplanung und Beschaffung

Aus der Arbeitsplanung geht hervor mit welchen Fertigungshilfsmitteln der Auftrag gefertigt werden soll, wobei die Anforderungen meist nur grob umrissen sind. Vorrichtungen und andere Hilfsmittel müssen in der Regel für jeden neuen Auftrag konstruiert und angefertigt werden. Aufgabe der Betriebsmittelplanung ist nun im wesentlichen die Konstruktion und Entwicklung der benötigten Betriebsmittel. Sofern die Vorrichtung aus bestehenden Elementen zusammengesetzt werden kann, ist die Arbeit der Betriebsmittelplanung mit der Erstellung der Zeichnungen und der entsprechenden Stücklisten für den Vorrichtungsaufbau beendet. Kann die Problemstellung aber nicht mit Standardvorrichtungen oder einem Baukastensystem bewerkstelligt werden, erfolgt, wie in der Auftragskonstruktion, die Entwicklung und Konstruktion der geeigneten Vorrichtung. Hier schließt sich nun eine weitere Aufgabe der Betriebsmittelplanung an, nämlich die Fertigung bzw. die Beschaffung dieser spezifischen Vorrichtungen.

Neben den Vorrichtungen müssen auch die Werkzeuge für die Fertigung bereitgestellt werden. Für die Standardwerkzeuge gilt, daß sie in der Regel schnell beschafft werden können und somit keiner frühzeitigen Planung unterliegen. Bei den Sonderwerkzeugen hingegen muß in ähnlicher Weise verfahren werden wie bei den Vorrichtungen. Die Konstruktion der Sonderwerkzeuge erfolgt entweder im eigenen Haus oder wird an einen Werkzeughersteller weitergegeben, der letztendlich auch für die Fertigung verantwortlich zeichnet.

Für den Gesamtzeitplan der Auftragsabwicklung werden im Bereich der Betriebsmittelplanung klare Aussagen gemacht, die vor allen Dingen bei der Einplanung des Auftrags in die Fertigung berücksichtigt werden müssen. Die Beschaffung von Vorrichtungen oder Sonderwerkzeugen erfordert nicht selten 8-10 Wochen. Diese Beschaffungszeit kommt dann negativ zum Tragen, wenn die Beschaffung zu spät ausgelöst wird. Das ist dann der Fall, wenn die Prüfung auf Verfügbarkeit erst bei Einlastung des Auftrages in die Fertigung erfolgt [WITT 92].

Ein Problem, das auch die Analysen in den Unternehmen klar belegt haben, ist die mangelnde Information über vorhandene Betriebsmittel. Während bei der Arbeitsvorbereitung soweit als möglich auf bestehende Arbeitspläne und Fertigungsunterlagen zurückgegriffen wird, ist aufgrund mangelnder Kennzeichnung und Klassifizierung der Betriebsmittel ein Wiederverwenden oftmals nicht möglich. Der zeitliche Aufwand und Nutzen der Suchens nach geeigneten Varianten stehen in der Regel in einem nicht vertretbaren Verhältnis zueinander. Als Beispiel sei hier die geringe Einsatzhäufigkeit von Werkzeugen aufgrund fehlender Verwendungsnachweise genannt (Bild 2-6).

In diesem Beispiel ist die Einsatzhäufigkeit einzelner Werkzeuge für ein Unternehmen mit Kleinserienfertigung aufgetragen. Über 50% der verwendeten Werkzeuge wurden maximal zweimal in der Fertigung eingesetzt [MILB 90]. Dies ist ein klares Zeichen, daß das Werkzeugspektrum nicht optimal ausgelegt und dadurch sehr kostenintensiv ist.

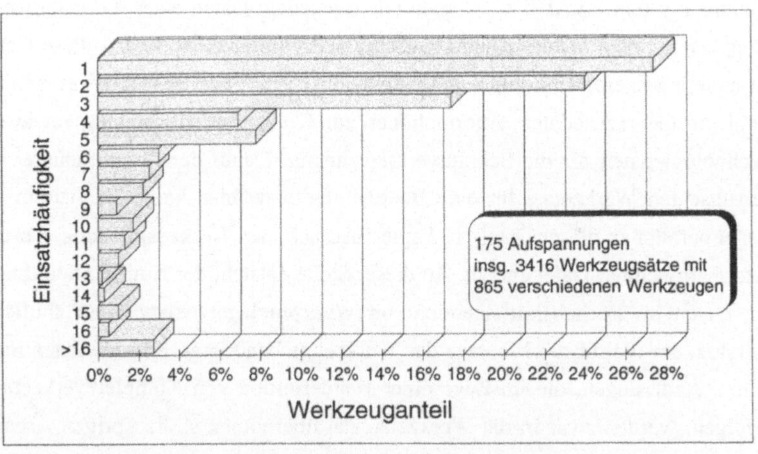


*Bild 2-6: Einsatzhäufigkeit von Werkzeugen [MILB 90]*

## 2.2.2.2 NC-Programmierung

Im Rahmen der NC-Programmierung werden nun die Vorgaben aus dem Arbeitsplan zusammen mit den Informationen aus der Bauteilzeichnung unter fertigungstechnischen Gesichtspunkten detailliert [MILB 92]. Auf der Basis dieser Unterlagen wird der Programmablauf geplant und damit die zur Bearbeitung benötigten Werkzeuge sowie Spannsituationen am Werkstück festgelegt.

Bei der Betrachtung der NC-Programmierung für ein flexibles Fertigungssystem kann von einer Offline-Programmierung der NC-Maschinen ausgegangen werden. Dabei wird die Erstellung des NC-Programms heute durch eine Vielfalt von NC-Programmiersystemen unterstützt [KOEP 91]. Neben den Geometriebausteinen, die diese Systeme zur Unterstützung des Mitarbeiters anbieten, erfolgt durch sie auch die Auslegung der optimalen Technologieparameter. Um diese Parameter richtig festlegen zu können, muß das System auf Informationen bezüglich der Betriebsmittel Zugriff haben. Hierfür existiert bei den NC-Programmiersystemen eine spezifische Werkzeug- sowie in der Regel eine Maschinendatei, in denen die relevanten Daten abgelegt sind. Betrachtet man beispielsweise das NC-Programmiersystem EXAPT, so werden alle relevanten Daten eines Komplettwerkzeugs nach einem festen Schema verschlüsselt und abgelegt, wobei diese Daten für andere Systeme allerdings nicht verwendbar sind. Hierbei handelt es sich sowohl um Geometriedaten, Informationen zur Kollisionsüberwachung sowie um Technologiedaten für die Schnittwertberechnung. Damit der Programmierer die gewünschten Werkzeuge für eine Bearbeitung auswählen kann, existiert in der Regel parallel zu dieser Datei ein Papierausdruck, der Werkzeugkatalog, der alle Informationen der Datei enthält. An dieser Stelle entsteht der Konflikt der aktuellen Daten im Betriebsmittelbereich. Im Werkzeuglager existiert ein ähnlicher Katalog, der die für die Montage der Werkzeuge benötigten Informationen beinhaltet. Änderungen, die im Zuge einer Neudefinition von Komplettwerkzeugen erfolgen, werden zwar in die Werkzeugdatei übernommen, die übrigen Arbeitsunterlagen werden aber oftmals nicht analog aktualisiert, was zu Dateninkonsistenzen zwischen NC-Programmierung und Werkzeugmontage führt.

Diese Diskrepanz gewinnt vor allem unter dem Aspekt der NC-Simulation an Bedeutung. Zwar ist dieses Simulationswerkzeug noch nicht soweit verbreitet wie die NC-Programmierung, sie ermöglicht aber durch die Reduktion der Programmeinfahrzeiten an den Bearbeitungsmaschinen eine höhere Nutzlaufzeit der Anlagen. Die NC-Simulation stützt sich auf das erstellte NC-Programm und arbeitet es Satz für Satz mit einer nachgebildeten Maschinensteuerung ab. Sinn macht diese Simulation natürlich nur dann, wenn die Bearbeitungs- und Spannsituation exakt der Realität entspricht. Hier stellt sich nun die Forderung nach einer 3D-Darstellung der Betriebsmittel, die bislang in der Regel nur für Betriebsmittelkonstruktionen vorliegen, nicht aber für Standardwerkzeuge oder Spannbaukästen [SCHR 92].

### 2.2.3 Arbeitssteuerung

Im Rahmen der Arbeitssteuerung erfolgt die kapazitive, terminliche und mengenbezogene Planung und Steuerung der Fertigungsaufträge. Diese Planungstätigkeiten werden in der Regel durch ein PPS-System übernommen [EVER 89a].

Im Bereich der PPS-Systeme erfolgt eine kapazitive Einplanung der Aufträge in die Fertigung. Primäres Ziel ist hierbei die optimale Auslastung der Fertigungsanlagen. In diese Planung werden auch Aspekte der Materialbewirtschaftung einbezogen. Die meisten Systeme sehen jedoch eine kapazitive Berücksichtigung der Betriebsmittelressourcen nicht vor. Dieser Systemaufbau bestätigt die oftmals noch vorherrschende Meinung, daß im Vergleich zur optimalen Auslastung der Bearbeitungsmaschinen, die Betriebsmittelseite nur zweitrangig ins Gewicht fällt und von den Kosten her nicht genutzte Maschinenkapazitäten schwerer wiegen als Investitionen im Betriebsmittelsektor. Eine ausreichende Bevorratung der Betriebsmittel, die eine Engpaßsituation ausschließt, wird durch das System vorausgesetzt.

### 2.2.4 Bewertung der Betriebsmittelsituation im Planungsbereich

Ein grundlegendes Problem im Bereich der Betriebsmittelorganisation ist der mangelnde Informationsfluß zwischen den einzelnen Instanzen.

Im Bereich der Konstruktion stehen in der Regel keine Informationen über den verfügbaren Betriebsmittelbestand zur Verfügung, was letztlich zu einer Steigerung der Betriebsmittelvielfalt führt. In den nachgeschalteten Bereichen der Arbeitsplanung stellt sich das gleiche Problem. Aufgrund mangelnder Beschreibung der einzelnen Betriebsmittel in bezug auf Verwendungsmöglichkeiten, erfolgt zum Beispiel im Bereich der NC-Programmierung eine unnötige Neudefinition von Komplettwerkzeugen. Primär wird die Auswirkung im Datenbereich aufgrund einer steigenden Anzahl an Werkzeug-Datensätzen ersichtlich. Auf lange Sicht wird dadurch aber die Planungsgrundlage für die Betriebsmittelbeschaffung und -planung verfälscht. Folgen sind ein zu hoher Bestand sowie ein falsches Betriebsmittelspektrum.

Ein weiterer Punkt ist die fehlende kapazitive, auftragsbezogene Planung des Betriebsmittelbedarfs von seiten des PPS-Systems. Die Planung des Fertigungsprogramms unter Annahme der uneingeschränkten Verfügbarkeit aller benötigten Betriebsmittel führt speziell bei Einsatz von Sonderbetriebsmitteln, die relativ lange Beschaffungszeiträume bedingen, rasch zu Fertigungsstörungen, da die fehlenden Kapazitäten erst bei Einlastung des Auftrags in die Fertigung erkannt werden.

Für den Planungsbereich gibt es am Markt jedoch einige käufliche Systeme, die einzelne Bereiche, wie die NC-Programmierung oder die Arbeitsplanerstellung aus Sicht des Betriebsmittelwesens unterstützen. Die nötigen Informationen zur Bestandspflege werden auch hier meistens nicht erfaßt. Da diese Verwaltungssysteme oftmals nur Insellösungen darstellen, unterstützen sie den bereichsübergreifenden Informationsfluß nicht.

Auf diesem Gebiet liegen auch verschiedene Forschungsarbeiten vor, die ihren Schwerpunkt deutlich im Bereich der Informationsbereitstellung haben. Hier werden vorrangig die Betriebsmitteldaten, der Entwurf geeigneter Informationssysteme und die Beschreibung der Einsatzmöglichkeiten von Datenbanken behandelt. Der Einsatz von Datenbanken wird in der Arbeit von Pietrzak, Petersen und Wienand [WIEN 88a; PIET 89; PETE 90] diskutiert und für die Werkzeugverwaltung von Martens weiter spezifiziert [MART 91a]. Aufgrund der fortschreitenden Entwicklungen im Datenverarbeitungssektor richten sich die momentanen Forschungsarbeiten auf eine weitere Flexibilisierung der Datenerfassung und Datenhaltung speziell unter dem Aspekt des Toolmanagements [TÖNS 92d; TÖNS 93].

## 2.3 Situationsanalyse in der Fertigungsumgebung

Auf der Fertigungsebene erfolgt die Bereitstellung und der Einsatz der Betriebsmittel. Im Gegensatz zur Planungsebene ist hier das reale Betriebsmittel und
der Betriebsmittelkreislauf Gegenstand der Betrachtung (Bild 2-7).

Das Lager enthält Werkzeugkomponenten und Komplettwerkzeuge. Neben
einem zentralen Werkzeuglager bestehen häufig zusätzliche Zwischenläger im
maschinennahen Bereich. Im Rahmen der Montage werden Werkzeugeinzelteile,
wie Maschinenadapter, Schneidplatten und Werkzeughalter zu einsatzfähigen
Komplettwerkzeugen zusammengesetzt. Bei der Voreinstellung wird das
Werkzeug möglichst exakt auf die vorgegebenen Sollmaße eingestellt, so daß die
Werkzeugabmessungen innerhalb der zulässigen Toleranzen liegen. Eine exakte
Vermessung ergibt die Istmaße der Werkzeuge. Durch Vergleich mit den
Sollwerten können daraus die NC-Korrekturdaten ermittelt werden. Alle diese
Tätigkeiten werden manuell ausgeführt.

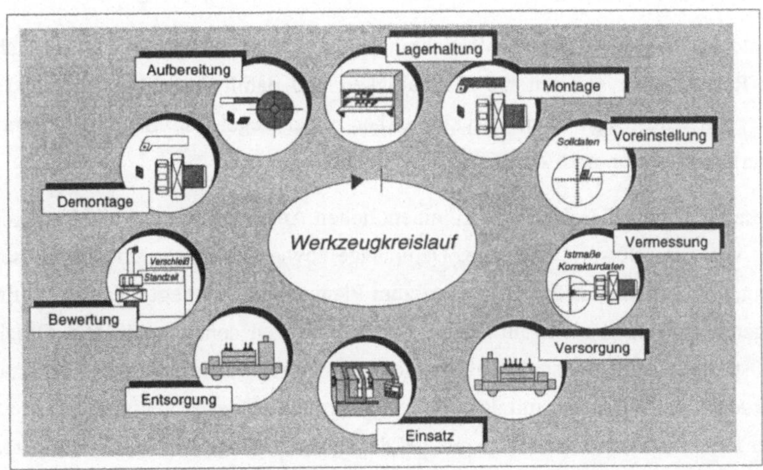


*Bild 2-7: Werkzeugkreislauf*

Die Versorgung der Maschinen mit Werkzeugen umfaßt das Kommissionieren der Werkzeuge und den Transport an die Maschine. Der Einsatz in der Maschine besteht aus der eigentlichen Werkstückbearbeitung, den Werkzeugwechselvorgängen und der Speicherung der Werkzeuge im Maschinenmagazin. Die Entsorgung umfaßt den Rücktransport der Werkzeuge in den Betriebsmittelbereich und das Abrüsten.

Im Rahmen der Bewertung wird anhand von Reststandzeit und Schneidenzustand der einzelnen Werkzeuge entschieden, ob ein Werkzeug nochmals verwendet werden kann oder aufbereitet werden muß. Werkzeuge, deren Aufbereitung wirtschaftlich nicht sinnvoll bzw. technisch nicht mehr möglich ist, werden aus dem Kreislauf ausgeschleust. Die Demontage beinhaltet das Zerlegen von Werkzeugen, die nicht erneut eingesetzt werden sollen, in wiederverwendbare Einzelteile. Die Aufbereitung verschlissener Werkzeuge erfolgt je nach Typ durch Austausch der Schneidplatten oder durch Nachschleifen. Auch diese Tätigkeiten erfordern manuellen Eingriff. Die aufbereiteten Komplettwerkzeuge und die Einzelteile der demontierten Werkzeuge werden bis zum nächsten Einsatz im Lager aufbewahrt.

Analoges Vorgehen trifft für Vorrichtungen und Meßmittel ein, wobei hier nicht die Reststandzeit sondern die Maßhaltigkeit und damit deren Einsatzfähigkeit überprüft wird. Diese Kontrollzyklen stehen in der Regel fest und werden kontinuierlich in bestimmten Zeitabständen durchgeführt.

Diese genannten Bereiche sind zu einem hohen Anteil durch manuelle Tätigkeiten, wie zum Beispiel Montage, Demontage sowie Bewertung und Instandsetzung, gekennzeichnet. Im Gegensatz zum Planungsbereich liegt hier das Hauptaugenmerk jedoch nicht auf den Betriebsmitteldaten sondern auf dem Objekt selbst. Auf die Betriebsmittelinformationen kann aber auch hier nicht verzichtet werden. Das Zeitfenster, mit dem im Fertigungsbereich gearbeitet wird, ist bereits sehr klein. Störungen, zum Beispiel bei der Bereitstellung eines Werkzeugsatzes, wirken sich bereits negativ auf die Durchlaufzeit des Auftrages aus.

Im folgenden sollen die einzelnen Bereiche, die maßgeblich an der Bereitstellung der Betriebsmittel im Fertigungsablauf beteiligt sind, in Hinblick auf ihre momentane Struktur, ihre Organisationsform und den Bedarf an Betriebsmittelinformationen betrachtet werden. Hinzu kommen hier noch die Funktionalitäten, die im weiteren Umfeld der Bereitstellung und Verwendung der Betriebsmittel von Bedeutung sind. Da die Identifikation der Betriebsmittel für alle Bereiche einen wichtigen Punkt darstellt, wird sie als eigenständiger Bereich betrachtet.

## 2.3.1 Fertigungssteuerung

Im Bereich der Fertigungssteuerung werden für die Fertigung Leitsysteme sowie in der untergeordneten Ebene Zellenrechner zur Koordination der einzelnen Fertigungskomponenten und Durchsetzung eines Fertigungsauftrages eingesetzt [EDER 90]. Für den Betriebsmittelbereich existiert eine derartige Auftragssteuerung nicht. Hier werden die Anforderungen in Form von Werkzeug- oder Einrichteblättern an den Betriebsmittelbereich weitergegeben und nicht mit der Fertigungssteuerung koordiniert oder synchronisiert. Die Betriebsmittel werden nach Eingang der Anforderung montiert und bereitgestellt.

In den meisten Unternehmen ist die Fertigung nach wie vor verrichtungsorientiert als Werkstättenfertigung aufgebaut. Die Fertigungssteuerung wird dabei in der Regel zentral von einem PPS-System wahrgenommen. Wird ein Auftrag von der Fertigungssteuerung übernommen, sind alle notwendigen Arbeitspapiere erstellt und die nötigen Maschinenkapazitäten reserviert. Bei Einlastung des Auftrags in die Fertigung gehen die Arbeitspapiere an die entsprechende Meisterei, die Bedarfsliste der Betriebsmittel geht parallel dazu an das Betriebsmittellager. Der Auftrag läuft nun in diesen zwei Bereichen parallel, die jedoch nicht miteinander synchronisiert sind. Treten im Bereich der Betriebsmittelbereitstellung Verzögerungen auf, erhält die Fertigungssteuerung oftmals keine Meldung, sodaß von dieser Seite die Einlastung des Fertigungsauftrages nicht gestoppt werden kann. Aufgrund dieser mangelnden Synchronisation entstehen Fertigungsstillstände, die entsprechende Ausfallkosten bei den Anlagen nach sich ziehen. Zwar sind die Systeme, die heute zur Fertigungssteuerung eingesetzt werden, grundsätzlich in der Lage die Auftragsreihenfolge entsprechend den neuen Gegebenheiten in der Fertigung umzuplanen und zu optimieren, solange aber keine exakten Vorgaben aus dem Bereich der Betriebsmittel vorliegen, kann die Fertigungssteuerung auf die geänderte Situation nicht adäquat reagieren.

## 2.3.2 Identifikation der Betriebsmittel

Die Identifikation der Betriebsmittel ist zwar keine eigene Instanz, die unmittelbar auf die Bereitstellung der Betriebsmittel in der Produktion einwirkt, sie hat aber weitreichenden Einfluß auf den Einsatz der Betriebsmittel. Ohne die eindeutige Zuordnung zum Beispiel der Korrekturdaten bei den einzelnen Werkzeugen, ist ein störungsfreies Bearbeiten der Werkstücke nicht gewährleistet.

Die Identifikation der Betriebsmittel ist heute nach wie vor nicht selbstverständlich, sie ist aber für den automatisierten Betrieb innerhalb eines flexiblen Fertigungssystems unabdingbar. Da die Anlagen in der Regel ohne Bedienereingriff arbeiten, müssen alle Betriebsmittel eindeutig gekennzeichnet sein [MART 91b]. Die Identifikation kann auf verschiedenste Arten erfolgen. In Bild 2-8 sind schematisch verschiedene Möglichkeiten und einige Vertreter dargestellt. [vgl. auch TÖNS 92a]

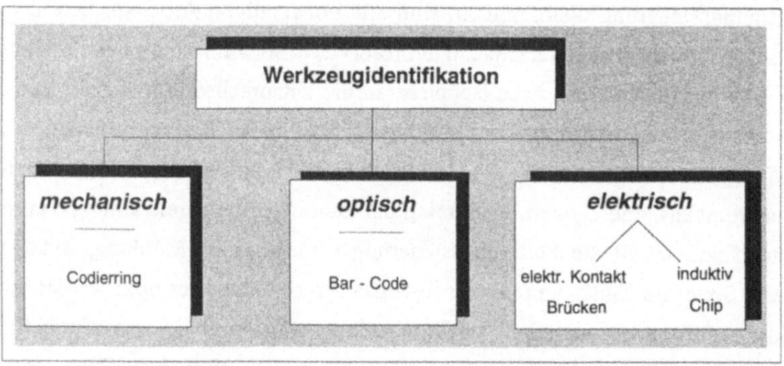


*Bild 2-8: Möglichkeiten der Betriebsmittelidentifikation*

Nicht alle dieser Identifikationsmöglichkeiten sind in gleichem Maße für den Einsatz im Fertigungsablauf geeignet. Die mechanische Codierung mittels Ringen oder Identifikationsnocken scheidet im Bereich eines flexiblen Fertigungssystems aufgrund der geringen Information, die damit verschlüsselt werden kann, aus. Wesentlich mehr Information kann durch optoelektronische Verfahren, wie zum Beispiel Barcode oder Klarschriftetiketten, übermittelt werden. Durch die Fertigungsumgebung werden jedoch entsprechend hohe Anforderungen in bezug auf Störsicherheit gestellt. Umwelteinflüsse wie Schmutz, Flüssigkeit und Wärme, dürfen die Informationen auf den Identträgern nicht beeinflussen. Barcode oder Klarschriftetiketten können diesen Anforderungen oftmals nicht standhalten. Sie werden unleserlich oder ganz zerstört und damit gehen auch die Informationen verloren. Die genannten Störfaktoren sprechen auch gegen einen Einsatz von kontaktierenden Identifikationssystemen.

Aus diesem Grund kommen heute vorrangig Identifikationssysteme zum Einsatz, die auf nicht flüchtigen Halbleiterbausteinen (EPROM) basieren. Entsprechende Einbaustellen werden heute von den Werkzeugherstellern bereits vorgesehen (Bild 2-9). Diese Identchips sind sowohl als festcodierte als auch als freiprogrammierbare Datenträger im Einsatz. Die größte Flexibilität im Einsatz bieten die freiprogrammierbaren Identchips, die bei geringer Baugröße eine relativ große Speicherkapazität bieten. Eine eindeutige Identifikation der einzelnen Betriebsmittel kann dadurch gewährleistet werden.

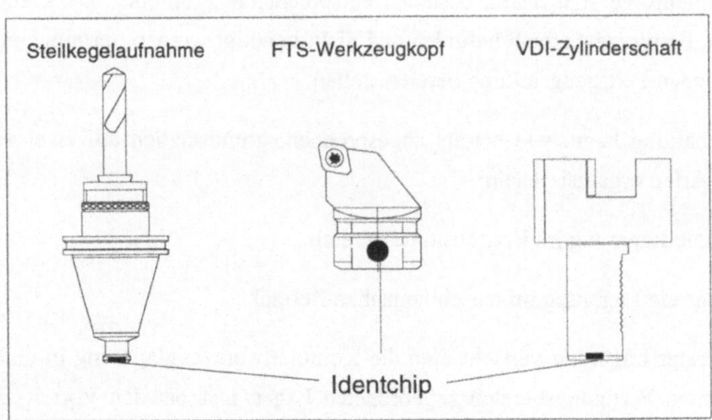


*Bild 2-9: Einbaumöglichkeiten von Identchips*

### 2.3.3  Lagersystematik

Der Betriebsmittelkreislauf beginnt und endet im Lager. Rationalisierungsüberlegungen, die im Bereich der Fertigung zu komplexeren automatisierten Strukturen führen, wirken sich auch auf die Systematik der Lagerung von Betriebsmitteln allgemein aus. Im Bereich der Lagerung muß nun genauer zwischen den Betriebsmitteln unterschieden werden. In der Regel werden alle Grundkomponenten, die in Betriebsmitteln verbaut werden, egal ob Vorrichtungen oder Werkzeuge, in einem zentralen Lager bevorratet. Die Lagerung der Komponenten erfolgt in der Regel in einem zentralen Lager, von wo aus sie für die Montage bereitgestellt werden. Die Rüstsätze, die für die Bearbeitung erforderlich sind, werden mit zeitlichem Vorlauf an den Maschinen bereitgestellt. Je nach Auslegung des Fertigungssystems erfolgt die Speicherung der einsetzbaren und vorbereiteten Betriebsmittel nicht im Zentrallager, sondern in großen, wiederum zentralen, maschinennahen Hintergrundmagazinen, aus denen mehrere Bearbeitungszentren eines Fertigungssystems versorgt werden können [VIEH 86].

Ein grundlegendes Problem, das sich im Lagerbereich ergibt, ist, daß die Betriebsmittel zwar an definierten Lagerplätzen eingelagert werden, daß aber bei einem Einsatz im Fertigungsbereich jede Information über den genauen Einsatzort oder einen dezentralen Lagerort nicht erfaßt wird. Sollte ein Wechsel in der Auftragsreihenfolge stattfinden, bestehen entsprechende Probleme, Werkzeuge, die sich im Fertigungsbereich befinden und nicht benötigt werden, termingerecht für einen neuen Fertigungsauftrag bereitzustellen.

Die Lagerhaltung kann, wie bereits angesprochen, grundsätzlich auf zwei verschiedene Arten organisiert sein:

- Zentrale Lagerung im Betriebsmittelbereich

- Dezentrale Lagerung im maschinennahen Bereich

Unter zentraler Lagerung versteht man die Komplettwerkzeuglagerung in einem dem gesamten Fertigungsbereich zugeordneten Lager. Das hat den Vorteil, daß der gesamte verwaltungstechnische Aufwand für alle Komplettwerkzeuge übersichtlich gestaltet werden kann. Es gibt dabei nur zwei logische Aufenthaltsorte für Komplettwerkzeuge, nämlich entweder das Lager oder außerhalb des Lagers. Diese Lagerungsart wird hauptsächlich dann angewendet, wenn Komplettwerkzeuge nicht sehr oft ausgetauscht werden müssen, denn die Transportwege sind lang und damit bei häufigerem Komplettwerkzeugaustausch unwirtschaftlich. Bei der dezentralen Komplettwerkzeuglagerung sind die Werkzeuge entweder in maschinennahen Lagern oder sogar in maschinenintegrierten Magazinen untergebracht. Auf letztere hat dann nur noch diese eine Werkzeugmaschine Zugriff und kann von dort aus sehr schnell einen Werkzeugwechsel durchführen.

Meist ist eine Mischform von beiden Lagerungsarten anzutreffen, da es innerhalb des Maschinenparks meist unterschiedliche Anforderungen an die Werkzeugaustauschfrequenz gibt. Sinnvoll ist also ein zentrales Lager mit den Werkzeugkomponenten sowie denjenigen Komplettwerkzeugen, die nicht sehr oft angefordert werden, während die sehr oft benötigten Komplettwerkzeuge in dezentralen Lagereinrichtungen nahe ihrem Einsatzort in der Werkzeugmaschine bereitgestellt sind.

Die Lagerhaltung ist vor allem auch in Hinblick auf die gewählte Fertigungsstruktur zu sehen. Das Streben der Unternehmen zu kleineren gruppenorientierten Fertigungseinheiten wirkt sich auch auf die Lagerhaltung und die Bereitstellung der Betriebsmittel aus. Der Zeit- und Produktivitätsvorteil, den die Fertigungsstruktur mit sich bringt, erfordert auch die räumlich darauf abgestimmte Betriebsmittelbereitstellung. Dies führt in der Regel zu einer dezentralen Lagerung, zum Beispiel im Rahmen einer Fertigungsinsel. Hier erfolgt die Lagerung wiederum zentral und nicht an den Maschinen selbst. Die stark aufgesplitterte Lagerhaltung erfordert umsomehr eine detaillierte Erfassung der Betriebsmittel nach Verwendung und Einsatzort, um die Bestände so gering als möglich zu halten. Für die Informationsbereitstellung läßt sich damit die Forderung nach einer zentralen Informationskomponente ableiten.


### 2.3.4 Montage und Bereitstellung

Entsprechend den Arbeitspapieren, die in der Arbeitsvorbereitung begleitend zum Auftrag erstellt werden, werden im Bereich der Montage und Bereitstellung die jeweiligen Betriebsmittel zu Rüstsätzen zusammengestellt. Eine der wichtigsten Informationen ist dabei die Montageanweisung bzw. das Einrichteblatt. Dieses Einrichteblatt enthält beispielsweise für jedes einzelne Werkzeug die genaue Stückliste sowie die Solldaten der Werkzeuggeometrie. Die benötigten Komponenten werden dem Lager entnommen, den Angaben entsprechend montiert und im Anschluß daran vermessen. Die Istdaten werden in Form von Korrekturdaten, die im NC-Programm verrechnet werden, für jedes einzelnen Werkzeug ermittelt und mit dem Rüstsatz an den Einsatzort geschickt. Um später Störungen im Fertigungsablauf zu vermeiden, ist es erforderlich, daß nach dem Zusammenbau der Betriebsmittel jedem einzelnen eine eindeutige Identnummer zugeordnet wird. Unter dieser Identnummer werden auch alle fertigungsspezifischen Informationen dieses Werkzeuges festgehalten.

Das Bereitstellen der Betriebsmittel erfolgt entsprechend der Materialflußkomponenten im Fertigungsbereich. Wird für die Versorgung der Fertigungszellen ein FTS eingesetzt, so werden die Werkzeuge und alle anderen Betriebsmittel in Transportbehältnissen kommissioniert, die vom FTS aufgenommen und transportiert werden können.

## 2.3.5   Versorgung und Einsatz an den Fertigungsanlagen

Der Transport der Betriebsmittel zum geplanten Einsatzort an einer Fertigungseinrichtung wird als Versorgung bezeichnet. Dabei werden meist komplette Rüstsätze kommissioniert. Dieses Zusammenstellen erfolgt in der Regel mit Hilfe von Behältern, Kassetten, Paletten oder Wagen unter Berücksichtigung der Geometrie der Betriebsmittel sowie des Transporthilfsmittels. Anschließend erfolgt der Transport zum Einsatzort, wobei je nach Organisation der Werkstatt unterschiedliche Fertigungshilfsmittel wie Werkzeuge, Meßmittel, Vorrichtungen oder auch NC-Lochstreifen zur Steuerung der Werkzeugmaschine gemeinsam transportiert werden können. Ersatzbedarf, beispielsweise aufgrund von Werkzeugbruch oder vorzeitigem Verschleiß, kann normalerweise nicht im voraus geplant werden, denn dieser Bedarf unterliegt zufallsbedingten Schwankungen. Ein Transport muß auch für diese Möglichkeit vorgesehen werden.

Steht der Rüstsatz mit Hilfe einer Transporteinrichtung an der Werkzeugmaschine bereit, erfolgt das Aufrüsten der Maschine. Die angelieferten Werkzeuge werden in das Magazin der Fertigungseinrichtung eingelagert, die nicht mehr benötigten Werkzeuge werden aus dem Magazin herausgeholt und zum Rücktransport bereitgestellt. Ist ein Werkzeug an die Fertigungseinrichtung übergeben worden, so kann dieses eingesetzt werden. Analoges Vorgehen gilt für die übrigen Betriebsmittel.

Sind die für den geplanten Fertigungsauftrag notwendigen Werkzeuge vorhanden, sowie die Istdaten und das NC-Programm geladen, kann die Bearbeitung gestartet werden. Hierbei wird das gerade benötigte Werkzeug aus dem maschineneigenen Magazin in die Bearbeitungsposition, also zum Beispiel die Arbeitsspindel befördert. Nach dem Einsatz wird es wieder zurück in das Magazin geschleust, wo es auf einem freien oder einem für dieses spezielle Werkzeug reservierten Platz abgelegt wird.

## 2.3.6    Bewertung der Betriebsmittelsituation auf Fertigungsebene

Die fehlende Synchronisation dieses Bereiches mit den Abläufen im flexiblen Fertigungssystem führt zu Schwierigkeiten, sobald von der geplanten Auftragsreihenfolge abgewichen werden muß. Die Hauptinformationsquelle für das Betriebsmittelwesen auf Werkstattebene sind die Arbeitsunterlagen aus der Arbeitsplanung sowie Werkzeugkataloge, die Einrichteblätter der einzelnen Werkzeuge, bzw. Zeichnungen für Vorrichtungen und Baukastenspannsysteme. Eine Überprüfung der Daten, die als Grundlage zur Arbeitsplanung und NC-Programmierung verwendet wurden und der Daten, die im Bereich der Betriebsmittelmontage als Vorgaben für den Zusammenbau eingesetzt werden, ist in der Regel nicht möglich. Etwaige Inkonsistenzen können nicht festgestellt werden und führen letztlich zu Störungen im Fertigungsablauf. Neben dieser fehlenden informationstechnischen Kopplung der beiden Bereiche Fertigungsvorfeld und Fertigung können im Fertigungsablauf auch dadurch Störungen hervorgerufen werden, daß die Betriebsmittel nicht eindeutig identifiziert sind.

Eine weitere Schwachstelle in der Betriebsmittelverwendung ist die mangelnde Verfolgung der Betriebsmittel im Fertigungsbereich. Dieses Manko verhindert vor allen Dingen eine schnelle Umplanung der Auftragsreihenfolge, wenn benötigte Betriebsmittel nicht im Lager vorrätig sind und somit Rüstsätze nicht bereitgestellt werden können. Zudem wird hierdurch die Bedarfsplanung der Betriebsmittel beeinträchtigt.

Diese Probleme sind auch Gegenstand verschiedener wissenschaftlicher Arbeiten. Speziell die Problematik des Betriebsmittelflusses und seiner zeitlichen Koordination mit dem Fertigungsablauf wird von Soliman in seiner Arbeit zur Simulation des Betriebsmittelflusses aufgegriffen [SOLI 87]. Damit verbunden ist auch die Arbeit von Viehweger, der den Einfluß des Betriebsmittelwesens bei der Auslegung von Fertigungssystemen betrachtet [VIEH 86]. Eine umfassende Lösung, die alle beschriebenen Aspekte des Bereitstellungsbereiches umfaßt, besteht jedoch noch nicht.


## 2.4  Zusammenfassung und Schlußfolgerungen

Eines der gravierendsten Probleme des Betriebsmittelwesens ist der inhomogene Informationsfluß zwischen den einzelnen Bereichen. Während im Bereich der Betriebsmittelplanung bereits heute die Unterstützung der einzelnen Tätigkeiten durch Rechner oder Datenbanken erfolgt, fehlt diese Unterstützung im Bereich der Bereitstellung und des Einsatzes von Betriebsmitteln fast völlig. Im Bereich der Arbeitsvorbereitung bestehen bereits Ansätze, die Durchgängigkeit des Informationsflusses durch den Einsatz von entsprechenden Informationssystemen zu erreichen. Vor allem durch Forschungsarbeiten wurden hier bereits einige Impulse gegeben. Das Spektrum reicht hier von der Erfassung und Beschreibung einzelner Tätigkeiten bis hin zum Ansatz kompletter Produktmodelle. Diese Unterstützung des Mitarbeiters muß auch im Bereich des Betriebsmitteleinsatzes erreicht werden, um die Reaktionsfähigkeit und Flexibilität, die mit einem flexiblen Fertigungssystem erzielt werden kann, nicht durch mangelnde Informationen und schlechte Terminierbarkeit des Betriebsmittelbereiches einzuschränken.

Der Bereich der Betriebsmittelverwendung ist durch einen sehr großen Anteil an manuellen Tätigkeiten, wie Montage, Voreinstellen oder Demontage von Betriebsmitteln gekennzeichnet. Durch diese starke Bindung an Personal werden die einzelnen Vorgänge und Aktionen schwerer zeitlich kalkulierbar als automatisierte Tätigkeiten, die parallel dazu im flexiblen Fertigungssystem ablaufen. Durch Entwicklungen im Maschinenbereich ist heute jedoch die Automatisierung verschiedener manueller Tätigkeiten möglich. Als Beispiel sei hier der Bereich der Optoelektronik genannt, die die automatisierte Vermessung von Werkzeugen ermöglicht [BELL 89; BROE 89]. Auch wissenschaftlich wird an diesem Problem gearbeitet. Hierbei wird versucht den gesamten Montage und Demontageprozeß eines Werkzeugs zu automatisieren [BRIT 93]. Das Problem eine mangelnde Koordination zwischen Planungsbereich und Fertigung bleibt dennoch bestehen [WECK 91].

Dieser gesamtheitliche Ansatz im Betriebsmittelwesen wird in verschiedenen Forschungsarbeiten verfolgt. Ziel der Arbeiten ist immer die übergreifende Kopplung einzelner Komponenten im Rahmen der Auftragsabwicklung. Während sich Martens oder Dittmer sehr intensiv mit der Beschreibung und Verarbeitung der Daten in Hinblick auf einen durchgängigen Informationsfluß befassen [DITT 92b, MART 91a; MORG 92], entwickelt Mayer ein Werkzeugverwaltungssystem, das alle Bereiche im Rahmen des Werkzeugwesens einschließt [MAYE 88]. Die weiteren Entwicklungen gehen über den bisherigen Bereich der Planung hinaus und beziehen in die Werkzeugverwaltung die Koordination des Werkzeugflusses auf Werkstattebene ein [PAUL 92]. Auch die Planung und Umsetzung einer umfassenden Betrachtungen ist Gegenstand von Forschungsarbeiten und wird von Romberg diskutiert [ROMB 93].

Trotz dieser Fülle an verschiedenen Ansätzen, das Betriebsmittelwesen zu optimieren und seine Rationalisierungspotentiale verfügbar zu machen, wurde bisher ein ganzheitlicher Ansatz des Betriebsmittelwesens, der das gesamte Spektrum der Betriebsmittelplanung bis hin zum Einsatz und der Bereitstellung der Betriebsmittel im Fertigungsbereich durchgängig abdeckt, nicht diskutiert.

# 3   Anforderungen an ein integriertes Betriebsmittelwesen

Die momentane Situation, die sich im Bereich des Betriebsmittelwesens darstellt, ist für den automatisierten Betrieb innerhalb eines flexiblen Fertigungssystems nicht geeignet. Zwar existieren in den einzelnen Tätigkeitsfeldern, wie zum Beispiel in der NC-Programmierung oder der Lagerverwaltung, bereits Insellösungen, die die entsprechenden Bereiche punktuell unterstützen, der durchgängige Informationsfluß wird durch diese Lösungen jedoch nicht unterstützt. Welchen Anforderungen ein integriertes Betriebsmittelwesen genügen muß, wird im folgenden Kapitel erläutert.

## 3.1   Zeit- und Kostenreduktion durch das integrierte Betriebsmittelwesen

Unmittelbar verursachte Kosten stellen hauptsächlich die Anschaffungskosten für Betriebsmittel dar. Bei einem falschen Betriebsmittelspektrum oder bei zu hohen Beständen wird unnötig Kapital im Betriebsmittelbereich gebunden. Implizit werden im Betriebsmittelbereich auch dadurch Kosten verursacht, daß zum Beispiel bei Werkzeugen die möglichen Standzeiten der Schneidkörper nicht ausgenutzt und die Komponenten zu früh entsorgt werden. Ähnlich wirkt sich auch eine schlechte Planung der Betriebsmittel aus. Hierbei werden die Betriebsmittel zwar nicht vorzeitig aus dem Produktionsprozeß genommen, durch eine zu spezifische Einsatzdefinition können die Betriebsmittel aber nicht ihren Möglichkeiten entsprechend ausgenutzt werden.

Ebenfalls mittelbar verursachen Betriebsmittel Kosten, wenn sie technologisch nicht optimal eingesetzt werden. Primär findet das Niederschlag in den Bearbeitungszeiten und damit in den Fertigungskosten des Bauteils. Ausgangspunkt eines technologisch nicht optimalen Einsatzes von Betriebsmitteln ist die Arbeitsplanung bzw. die NC-Programmierung. Die Auswahl von Werkzeugen, Vorrichtungen oder Spannmitteln aus Katalogen, das Zusammenstellen von Stücklisten oder Rüstblättern und nicht zuletzt das Zusammenstellen der Bezugsdaten für

Wiederbeschaffung von Betriebsmitteln erfordert Zeit und geschieht an unterschiedlichen Stellen oft in gleicher Weise. Zudem ist ein erhebliches Expertenwissen vonnöten, um bei der Vielzahl der unterschiedlichen Werkstoff/Schneidstoffpaarungen immer die optimalen Technologieparameter einzustellen. Um die Einsparungspotentiale im administrativen Bereich zu schaffen, gilt es vor allen Dingen, dem Mitarbeiter für diese zeitaufwendigen Tätigkeiten, die ihn letztlich von seinen eigentlichen Aufgaben abhalten, möglichst detaillierte und spezifisch aufbereitete Informationen zur Verfügung zu stellen und damit diese unproduktiven Zeiten soweit als möglich zu reduzieren. Um dem Ziel, Zeit im Bereich der technischen Auftragsabwicklung zu sparen, gerecht werden zu können, müssen im Betriebsmittelwesen vor allen Dingen die organisatorischen Aspekte in Zukunft stärker berücksichtigt werden. Entsprechende Einsparungspotentiale bieten sich hier sowohl im administrativen Bereich des Fertigungsvorfeldes als auch auf Fertigungsebene.

Die Anforderungen an das Betriebsmittelwesen aus Sicht einer Kosten- und Zeitreduktion innerhalb dieses Bereiches lassen sich grundlegend auf die Forderung nach einer strukturierten und den einzelnen Aufgaben individuell angepaßte Informationsbereitstellung reduzieren. Sowohl Technologieinformationen, Bezugsnachweise und vor allem detaillierte Informationen über Einsatzbedingungen und Einsatzhäufigkeit von Betriebsmitteln und die damit verbundene Wiederbeschaffungsfrequenz müssen einheitlich in den verschiedenen Bereichen der technischen Auftragsabwicklung zur Verfügung stehen. Auf diese Weise kann eine optimale Bestandsführung sowie eine bessere Ausnutzung der gegebenen Ressourcen der Betriebsmittel realisiert werden und vor allen Dingen können Mitarbeiter von Routinetätigkeiten befreit werden. Die zur Verfügung stehende Arbeitszeit kann damit produktiv eingesetzt werden [AIF 90].

## 3.2 Integration in die technische Auftragsabwicklung

Wie bereits in Kapitel 3.1 angeklungen ist, spielt die Informationsstruktur im Betriebsmittelwesen eine signifikante Rolle. Genauso wichtig, wie die Bereitstellung der Betriebsmitteldaten im Bereich der Planung ist, ist die Bereitstellung dieser Informationen auch auf seiten der Betriebsmittelbereitstellung und des Einsatzes. Das Hauptanliegen muß hierbei sein, daß gesamtheitlich im Unternehmen auf den gleichen, einheitlichen und damit in sich schlüssigen Informationsstand zugegriffen wird.

Durch eine mangelhafte Informationsweitergabe werden vor allen Dingen Störungen des Fertigungsablaufes hervorgerufen. Falsche Zusammenbauten von Betriebsmitteln aber auch falsche oder fehlerhafte Rüstsätze haben ihren Ursprung meist in nicht aktuellen Unterlagen, die der Betriebsmittelvorbereitung zur Verfügung stehen. Ebenso ist die Terminierung der Betriebsmittelbereitstellung durch fehlende datentechnische Unterstützung dieses Bereiches mit der Auftragseinlastung durch die Fertigungssteuerung nicht abgestimmt. Abhilfe gegen diese Schwachstellen stellt eine durchgängige Informationsstruktur dar, die nicht nur die Bereiche der Planungsebene sondern auch die einzelnen Tätigkeitsgebiete der Fertigung untereinander verbindet [STOR 92].

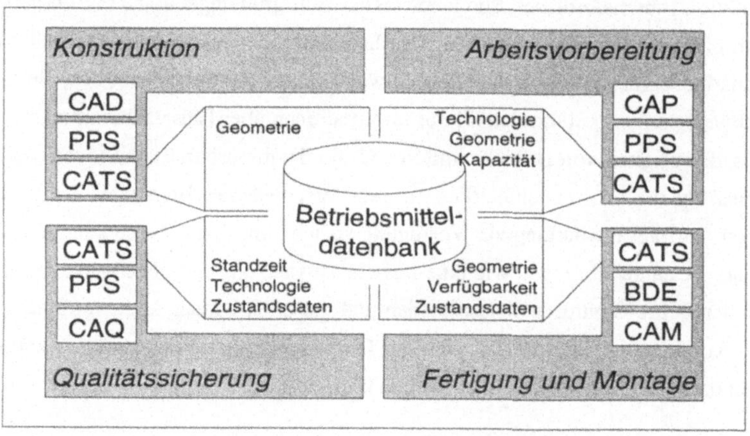


*Bild 3-1: Informationsfluß über das Verwaltungssystem*
*(CATS  Computer Aided Toolmanagement System)*

Diese übergreifende Informationsstruktur, wie in Bild 3-1 skizziert, hat aber nicht nur die Aufgabe statische Betriebsmitteldaten, wie Geometriebeschreibung, Verwendungs- oder Bezugsnachweis, verfügbar zu machen, sondern vor allen Dingen die Daten, die im Laufe des Fertigungsprozesses bzw. der Vorbereitung und des Einsatzes der Betriebsmittel generiert werden, zu erfassen, aufzubereiten und wieder zur Verfügung zu stellen. Technisch läßt sich das durch den Einsatz einer Datenbank realisieren. Gerade der Aspekt, diese Daten wieder in den Fertigungsablauf einzubringen, gewinnt im Rahmen einer automatisierten Fertigung zunehmend an Bedeutung. Der Anwendungsbereich erstreckt sich von den ermittelten Istdaten der Werkzeuge, die von der Meßmaschine direkt an die Maschinensteuerung übermittelt werden, über Standzeitinformationen bis zur Werkzeug- und Prozeßüberwachung in den Bearbeitungsmaschinen.

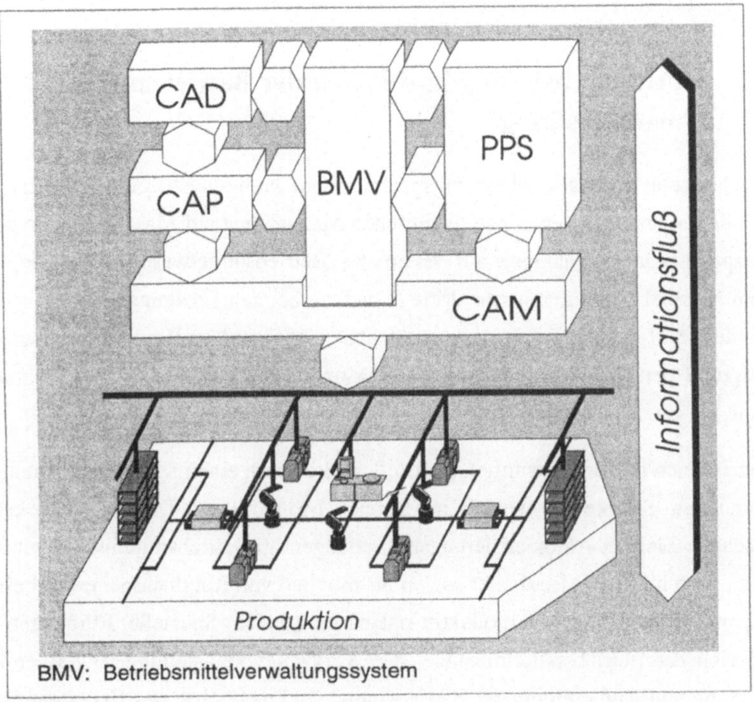


*Bild 3-2: Rechnerintegrierte Produktion*

Grundlegende Forderung an ein integriertes Betriebsmittelwesen ist somit, daß der Informationsfluß auf allen Ebenen, auf denen Betriebsmitteldaten benötigt oder generiert werden, durchgängig gestaltet wird (Bild 3-2). Ein wichtiger Aspekt dabei ist, daß der bislang datentechnisch nur schwach unterstützte Produktionsbereich an den informationstechnisch sehr stark vernetzten Planungsbereich angebunden wird und ein direkter Informationsfluß stattfinden kann. Dies beinhaltet nicht nur die Weitergabe von Informationen im Zuge des Auftragsdurchlaufs, sondern auch die Rückführung von Daten aus der Fertigung in die Arbeitsvorbereitung. Nicht zuletzt soll durch diese integrierte Informationsstruktur die Terminierbarkeit und zeitliche Koordination einzelner Tätigkeiten im Fertigungsbereich bewirkt werden.

## 3.3   Automatisierung im Bereich der Betriebsmittelbereitstellung

Die Nutzung der Rationalisierungspotentiale im Fertigungsbereich erfordert neben den organisatorischen und technischen Maßnahmen auf Maschinenseite auch entsprechende Maßnahmen auf seiten des Betriebsmittelwesens. Vorteile, die zum Beispiel durch mannarme dritte Schichten bei den Fertigungsanlagen erzielt werden, dürfen nicht durch einen zusätzlichen Aufwand im Betriebsmittelbereich aufgrund personalintensiver Vorbereitung und Bereitstellung der Betriebsmittel zunichte gemacht werden.

Der Bereich der Betriebsmittelbereitstellung ist durch einen sehr hohen Anteil an manuellen Tätigkeiten speziell im Bereich Montage und Demontage gekennzeichnet. Ziel der Automatisierungsbestrebungen im Betriebsmittelwesen muß es sein, auch hier den Mitarbeiter soweit als möglich von Routinearbeiten zu befreien, um seine Arbeitszeit produktiv nutzen zu können. Spezielle Tätigkeiten im Bereich der Betriebsmittelmontage, der Werkzeugvoreinstellung sowie der Bewertung und Aufbereitung der Betriebsmittel sind nicht ohne das Expertenwissen und das Eingreifen des Menschen zu bewerkstelligen und somit auch nicht automatisierbar.

Unter dem Aspekt, daß das Betriebsmittelwesen in das Umfeld eines flexiblen Fertigungssystems integriert werden soll, muß primär im Bereich der Betriebsmittelbereitstellung eine Schnittstelle zum Materialflußsystem des Fertigungssystems geschaffen werden. In Bild 3-3 ist exemplarisch am Werkzeugkreislauf dargestellt, welche Tätigkeiten des Kreislaufs innerhalb der hybriden Betriebsmittelzelle angesiedelt werden können. Die hybride Betriebsmittelzelle stellt dabei eine Kombination aus einem manuellen und einem automatisierten Arbeitsplatz dar. Diese spezifische Form der Automatisierung wird im weiteren auch als teilautomatisiert bezeichnet.

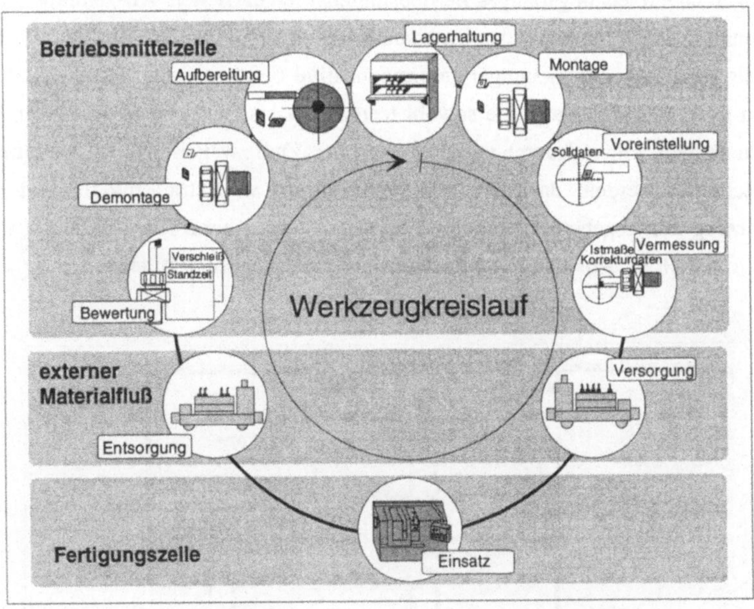


*Bild 3-3: Gliederung des Werkzeugkreislaufs im Fertigungssystem*

Es bietet sich nun an, Tätigkeiten wie beispielsweise das Vermessen, Bereitstellen und Kommissionieren von Werkzeugen zu automatisieren und eine analoge Zellenstruktur zum Fertigungssystem zu erzeugen. Dadurch können diese Tätigkeiten vom Bedienpersonal losgelöst und über die Zellensteuerung angestoßen werden. Der Effekt, der dadurch erzielt werden kann, ist die höhere Termintreue aufgrund einer direkten Zellensteuerung im Bereich der Betriebsmittelbereitstellung und der damit möglichen Synchronisation zur Auftragseinlastung im Fertigungsbereich.

## 3.4   Integriertes Betriebsmittelwesen im Umfeld eines flexiblen Fertigungssystems

Das integrierte Betriebsmittelwesen soll die Synthese aus den genannten Forderungen an ein leistungsfähiges Betriebsmittelwesen darstellen. Als zentrale Querschnittsfunktion innerhalb des Unternehmens soll zum einen eine zentrale Datenbasis sowie ein durchgängiger Informationsfluß bewerkstelligt werden. Störungen im Fertigungsablauf, die sowohl technischer als auch organisatorischer Art sein können, sollen dadurch vermieden werden. Zum zweiten muß ein Instrument geschaffen werden, das den effektiven Einsatz an Betriebsmitteln und die Nutzung der gegebenen Komponenten ermöglicht. Kennzeichen dafür ist eine optimierte Einsatzplanung und Bestandsführung der Betriebsmittel.

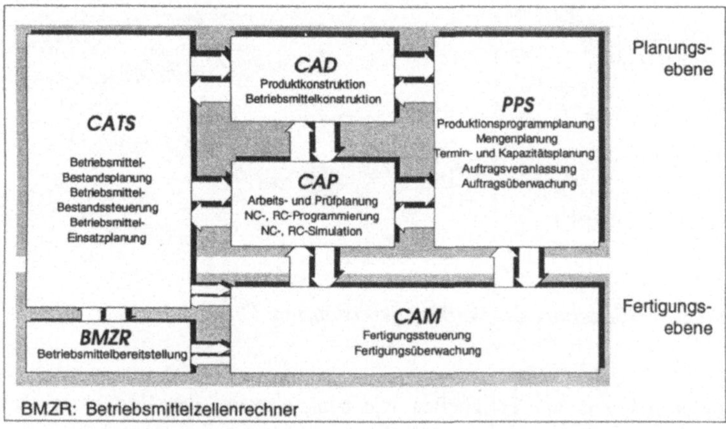


*Bild 3-4: Stellung des Betriebsmittelwesens innerhalb der technischen Auftragsabwicklung*

Die Realisierung dieses integrierten Betriebsmittelwesens erfordert im Bereich der Planung ein Betriebsmittelverwaltungssystem, das die grundlegenden Funktionen der Erfassung, Verwaltung, Pflege und Bereitstellung der Betriebsmitteldaten übernimmt und gleichzeitig die Funktion eines Bindegliedes zwischen Planung und Fertigung darstellt. In Bild 3-4 ist die Verflechtung des Verwaltungssystems mit den anderen Komponenten der technischen Auftragsabwicklung schematisch dargestellt.

Als informationstechnisches Bindeglied zwischen Planungs- und Fertigungsebene übernimmt das Betriebsmittelverwaltungssystem die Stellung eines Leitsystems. Bei der Integration der Betriebsmittelzelle in ein Fertigungssystem ist jedoch eine weitere Steuerungskomponente erforderlich. Sie muß den Anforderungen einer Fertigungszelle entsprechen und sich in die informationstechnische Struktur des FFS integrieren lassen. In Analogie zur Fertigung wird hier ein Betriebsmittelzellenrechner aufgebaut. Zusammenfassend läßt sich festhalten, daß die Durchgängigkeit des Informationsflusses über alle Ebenen genauso Voraussetzung ist, wie die weitgehende Automatisierung der Handhabungsaufgaben innerhalb der Zelle. Anforderungen und mögliche Maßnahmen sind in Bild 3-5 noch einmal kurz zusammengestellt.

| ZIEL | KOSTEN | ZEIT | MASSNAHME (BSPL.) |
|---|---|---|---|
| Reduzierung der Maschinenstillstandszeiten | ● | ● | Verbessern der Bereitstellorganisation |
| Verringerung des gebundenen Kapitals | ● | | Verringern der Bestände |
| Vermeidung von Ausschuß | ● | ● | Überwachung des Werkzeugverschleißes |
| Verringerung des Werkzeugverbrauchs | ● | | Optimieren der Schneidenausnutzung durch Standzeitüberwachung |
| Beschleunigung der Werkzeugbereitstellung | | ● | Verbessern der Bereitstellorganisation |
| Senkung des Aufwands für die Lagerung | ● | | Verringern der Bestände |
| Beschleunigung der Arbeitsplanung | ● | ● | Effizientere Bereitstellung betriebsmittelbezogener Daten |
| Verringerung der Aufwendungen für Personal | ● | | Automatisieren von Handhabungsvorgängen |
| Verringerung der Hauptzeiten | ● | ● | Erzielen höherer Schnittgeschwindigkeiten durch Einführung neuer Schneidstoffe |

*Bild 3-5: Ziele des Betriebsmittelwesens*

# 4   Konzept des integrierten Betriebsmittelwesens

Das Betriebsmittelwesen umspannt innerhalb des Unternehmens die verschiedensten Tätigkeitsbereiche und stellt vor allem in der technischen Auftragsabwicklung eine zentrale Informationskomponente dar. Durch die vielfältige Aufgabenstellungen des Betriebsmittelwesens überspannt dieser Bereich mehrere der üblichen Hierarchiestufen und Steuerungsebenen. Das Gesamtkonzept umfaßt sowohl den Bereich der Planungsebene als auch produktionsnahe Tätigkeiten auf der Fertigungsebene. Eine der wichtigsten Aufgaben, die dem integrierten Betriebsmittelwesen zukommen, ist die Brückenfunktion zwischen den administrativen und planerischen Bereichen des Fertigungsvorfeldes und den produktionsorientierten Bereichen auf Werkstattebene. In diesem Kapitel soll das Konzept dieses integrierten Betriebsmittelwesens erläutert werden. Um detaillierter auf die einzelnen Punkte eingehen zu können, wird das Konzept unter verschiedenen Aspekten betrachtet. Als erstes wird die Struktur als solche dargestellt. Im Anschluß werden die Informationsstruktur, Steuerstrategien und Automatisierungskonzepte unter dem Aspekt einer Integration des Betriebsmittelwesens in ein flexibles Fertigungssystem betrachtet.

## 4.1   Struktur des integrierten Betriebsmittelwesens

Das Betriebsmittelwesen ist unabhängig von der Fertigungsumgebung durch eine Fülle an Funktionen und Tätigkeiten gekennzeichnet, wobei sich diese Funktionen in vier grundlegende Punkte einteilen lassen. Diese Bereiche sind in Bild 4-1 dargestellt, wobei der Planungshorizont von links nach rechts kleiner wird.

Wie die Aufgliederung der Funktionsbereiche bereits zeigt, sind die Anforderungen an das Betriebsmittelwesen sehr unterschiedlich. Während die Bereiche Planung und Bewirtschaftung hauptsächlich im Bereich der Arbeitsvorbereitung ablaufen und sich vom Prinzip her mit den Informationen über Betriebsmittel beschäftigen, spielen sich die Bereiche Versorgung und Einsatz auf der Fertigungsebene ab und haben das reale Betriebsmittelobjekt zum Gegenstand [STOR 86].

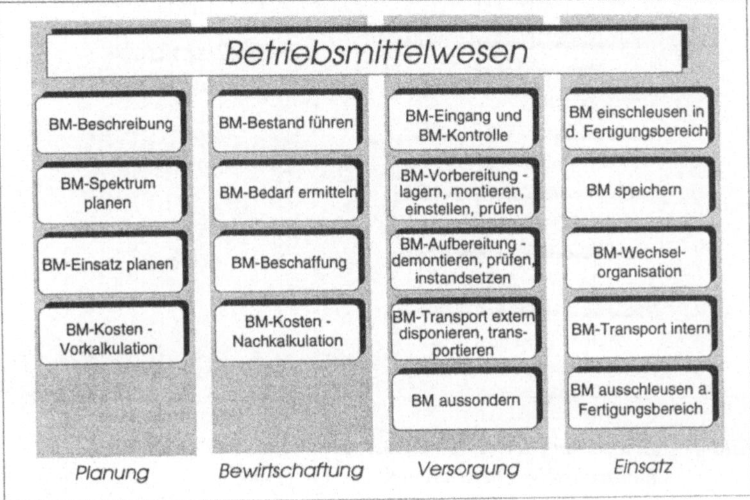


*Bild 4-1: Funktionsbereiche des Betriebsmittelwesens [nach MAYE 88]*

Es ist daher sinnvoll, das Betriebsmittelwesen in zwei Teilbereiche zu untergliedern und sie unabhängig voneinander zu betrachten. Dies sind die Bereiche Betriebsmittelorganisation und Betriebsmittelverwendung. Der Betriebsmittelorganisation werden dabei die Funktionsbereiche Planung und Bewirtschaftung zugeordnet, der Betriebsmittelverwendung die Bereiche Versorgung und Einsatz. Aufgrund dieser Vielzahl von Funktionen und Aufgaben, die sich über das gesamte Unternehmen erstrecken, nimmt das Betriebsmittelwesen, ähnlich wie die Qualitätssicherung, eine Querschnittsfunktion innerhalb des Unternehmens ein. Eine organisatorische Zuordnung als ganzes zu einer Unternehmensebene ist damit für das Betriebsmittelwesen nicht möglich. Die beiden Teilbereiche lassen sich jedoch in das hierarchische Ebenenmodell einordnen. Die Betriebsmittelorganisation, die vornehmlich planenden und dispositiven Charakter hat, wird dabei der Planungsebene zugeordnet, die Betriebsmittelverwendung hingegen erstreckt sich über die vier darunterliegenden Bereiche der Leitebene, Zellenebene, Steuerungsebene und Aktor-/Sensorebene (Bild 4-2).

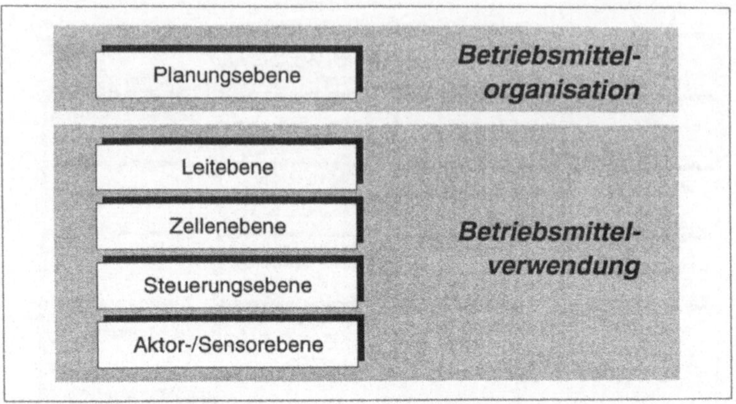


*Bild 4-2: Einordnung der einzelnen Betriebsmittelbereiche in das hierarchische Ebenenmodell der Fertigung*

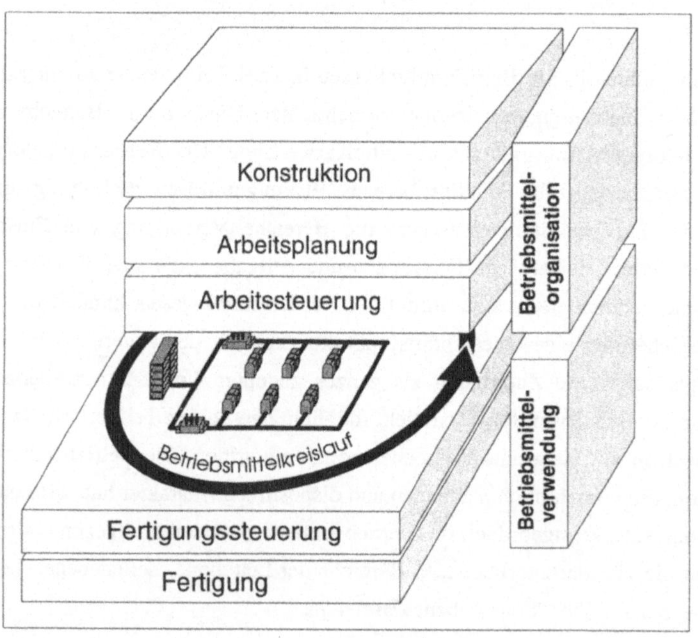


*Bild 4-3: Betriebsmittelorganisation und Betriebsmittelverwendung*

Für die Betriebsmittelorganisation sind daher die Bereiche Konstruktion und Arbeitsvorbereitung mit den Teilbereichen Arbeitsplanung und Arbeitssteuerung von Interesse. Im Verwendungsbereich hingegen sind die Bereitstellung und damit der Betriebsmittelkreislauf sowie die Fertigungssteuerung mit Leit- und Zellensteuerung relevant (Bild 4-3). Die Anforderungen in bezug auf die Informationsbereitstellung, die von den einzelnen Bereichen an das Betriebsmittelwesen gestellt werden, sind in den verschiedenen Hierarchieebenen sehr unterschiedlich und richten sich nach der jeweiligen Aufgabenstellung.

Eine der grundlegenden Aufgaben der Betriebsmittelorganisation ist die Beschreibung der Betriebsmittel. Eine weitere wichtige Funktion ist die Bestandsplanung und -pflege. Der Bestand bezieht sich dabei sowohl auf die Quantität, also die Bestandsmenge, als auch die Qualität und damit auf das Betriebsmittelspektrum. Die Pflege des Bestands betrifft den Abgleich zwischen Anforderung und Planung und tatsächlichem Bestand und bedingt damit die Beschaffung der Betriebsmittel. Darüber hinaus ist die Betriebsmittelorganisation auch für die Einsatzplanung der Betriebsmittel erforderlich. Im Rahmen der Bestandsplanung ist dabei wichtig, die Kontrollzyklen zum Beispiel bei Meßmitteln oder auch bei Vorrichtungen mit zu berücksichtigen.

Die Betriebsmittelverwendung hat den Einsatz und die Bereitstellung und somit den Fluß des realen Betriebsmittels zum Gegenstand. Der Fluß von Werkzeugen, Vorrichtungen und Prüfmitteln durch die Werkstatt bildet einen geschlossenen Kreislauf, dessen Anfangs- und Endpunkt das Betriebsmittellager ist [VDW 93]. Aufbauend auf dieser grundlegenden Struktur des Betriebsmittelwesens ergibt sich für das integrierte Betriebsmittelwesen die in Bild 4-4 dargestellte Einbindung in die hierarchischen Strukturen der Fertigung. Die Betriebsmittelorganisation erstreckt sich dabei, wie bereits erläutert, auf den Planungsbereich, die Betriebsmittelverwendung auf den Bereich Leit- und Zellenebene sowie auf die Fertigungsebene.

Vorrangig ist es die Aufgabe des Betriebsmittelwesens, Informationen und Daten in geeigneter Form zu erfassen und zur Verfügung zu stellen. Das Kernstück des Betriebsmittelwesens ist somit der Bereich der Informationsverarbeitung. Ein wichtiger Aspekt ist hierbei die Aktualität und die Konsistenz der bereitgestellten Informationen. Diese Datensicherheit kann nur dann unternehmensweit gewährleistet werden, wenn die Datenhaltung von zentraler Stelle aus geschieht. Der Informationsfluß im Betriebsmittelwesen orientiert sich sehr stark am Ablauf der technischen Auftragsabwicklung. Das bedeutet, daß er hierarchisch aufgebaut ist und grundsätzlich die Aufgabe hat, Informationen von einer Instanz zur nächsten weiter zu tragen und dort in adäquater Form zur Verfügung zu stellen. Die Informationen aus dem Betriebsmittelwesen begleiten den Auftrag in der Planungsebene von der groben Kapazitätsplanung bis hin zur feinen Arbeitsplanung. Signifikant in der Betriebsmittelorganisation ist, daß von der Planung bis hin zur Auftragsfreigabe in der Fertigung Betriebsmittel nur in Form von Datensätzen betrachtet werden. Das reale Betriebsmittel ist bis zu diesem Zeitpunkt noch nicht relevant.

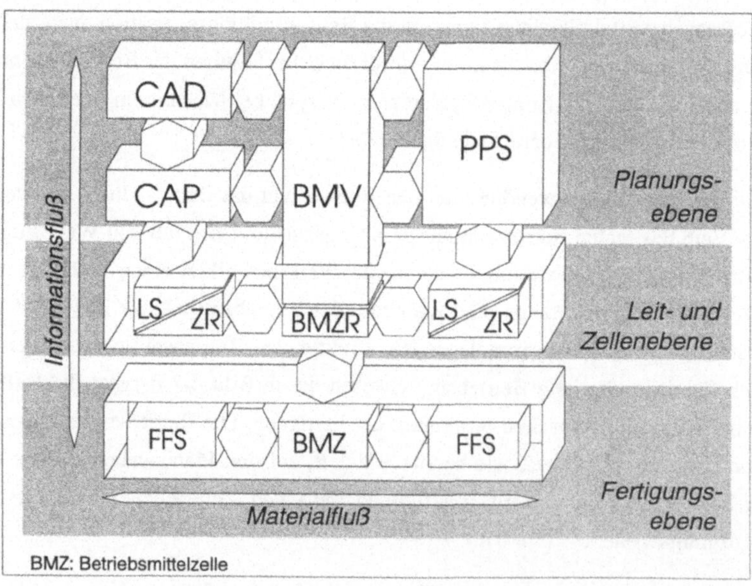


*Bild 4-4: Teilbereich des Betriebsmittelwesens auf den Ebenen der technischen Auftragsabwicklung*

Der zweite große Bereich des Betriebsmittelwesens, die Betriebsmittelverwendung, beschäftigt sich nun mit dem realen Betriebsmittel. Ab Einlastung eines Auftrages in die Produktion müssen die zur Bearbeitung benötigten Betriebsmittel an den Fertigungsanlagen zur Verfügung stehen. Speziell hier kommt nun die Aktualität der Daten zum Tragen, wodurch die Notwendigkeit der engen Verzahnung zwischen Informations- und Verwendungsbereich deutlich wird. Hinzu kommt die für das integrierte Konzept besonders wichtige Kopplung der Bereiche Fertigungsvorfeld und Fertigung, wo eine Betriebsmittelzelle gleichberechtigt in ein flexibles Fertigungssystem eingebunden werden soll, in Form der Betriebsmittelsteuerung [DITT 92a].

## 4.2 Grundlagen der Datenhaltung

Wie bereits angesprochen, ist der durchgängige Informationsfluß eines der Hauptanliegen des integrierten Betriebsmittelwesens. Diese durchgängige Informationsstruktur beinhaltet natürlich die zentrale Datenbasis, die der Erfassung, Haltung und Pflege der Daten dient. Die Maxime einer durchgängigen Informationsstruktur müssen immer die Konsistenz und die Aktualität der Daten sein. Um dieses Ziel zu bewerkstelligen, sind verschiedene Maßnahmen bei der Erfassung und Haltung der Daten notwendig. Wichtig hierbei ist, die Zentralität der Erfassung und die Forderung, daß Betriebsmitteldaten nur einmal sehr detailliert erfaßt werden. Aus diesem vorhandenen Datenbestand können dann alle anderen Informationen abgeleitet werden und müssen an anderer Stelle nicht noch einmal generiert oder erfaßt werden. Ebenso wichtig ist, daß Daten, die im Fertigungsablauf mehrfach verwendet werden, wie zum Beispiel die Identnummer, an dezentraler Stelle erfaßt und gehalten werden, da die Aktualisierung dieser Daten oftmals nur schwer und nicht echtzeitgerecht erfolgen kann [PETE 90, PIET 89, RIED 92].

Wichtig für die Durchgängigkeit der Informationsstruktur sind auch die übrigen Systeme, die in diesen Verbund eingeschlossen werden sollen. Das Betriebsmittelverwaltungssystem muß in der vorhandenen Rechnerumgebung lauffähig sein und sich in diese Strukturen einfügen. Die meisten Systeme bieten heute standardmäßig Schnittstellen über die Standarddatenbankabfragesprache SQL an. Sofern die korrespondierenden CA-Systeme mit einer derartigen Schnittstellenoption ausgerüstet sind, kann der Informationsfluß vom Verwaltungssystem an andere Bereiche realisiert werden. Genauer erläutert wird dieser Aspekt in einem folgenden Kapitel.

Für die Implementierung des Betriebsmittelwesens in ein flexibles Fertigungssystem ist vor allem wichtig, daß der Informationsfluß in vertikaler Richtung vom Fertigungsvorfeld bis an die zu installierende Zelle im Fertigungsbereich gewährleistet werden kann.


### 4.2.1   Prinzip der Datenhaltung

Die Datenhaltung erfolgt sinnvollerweise durch ein Datenbanksystem. Eine Datenbank bzw. ein Datenbanksystem besteht aus den beiden Komponenten Datenbasis und Datenbankverwaltungssystem. In der Datenbasis sind die zu verwaltenden Daten in systematischer Weise abgespeichert. Das Datenbankverwaltungssystem stellt den Zugang zur Datenbasis dar. Es bietet dem Benutzer Funktionen zur Datenpflege an, übernimmt die Organisation der Daten und stellt ihre Integrität sicher.

Zur Einrichtung einer Datenbank bedient sich der Entwickler der Datenbeschreibungssprache des jeweiligen Systems. Heutige Systeme erfordern lediglich eine Beschreibung des konzeptionellen Schemas der Datenbank. Die Umsetzung von der logischen auf die physikalische Ebene erfolgt automatisch. Der Entwickler hat jedoch die Möglichkeit, die physikalische Struktur zur Optimierung der Antwortzeiten und des Speicherplatzbedarfs zu modifizieren.

Eine Datenhantierungssprache ermöglicht das Einfügen, Ändern, Löschen und Abfragen von Daten. Sie dient zum einen der direkten Interaktion zwischen Datenbank und Benutzer, zum anderen sind ihre Anweisungen Bestandteil von Programmen, die auf diese Weise auf die Datenbasis zugreifen (Bild 4-5).

Nach dem zugrundeliegenden Datenmodell unterscheidet man hierarchische, netzwerkartige und relationale Datenbanksysteme. Heute haben sich die relationalen gegen die früher weit verbreiteten hierarchischen und netzwerkartigen Systeme durchgesetzt. In jüngster Zeit sind sogenannte objektorientierte Datenbanken entstanden, welche die Struktur und das Verhalten komplexer Objekte, wie zum Beispiel ein Produktdatenmodell, abbilden können [DITT 90, SCHO 90, TÖNS 92c].

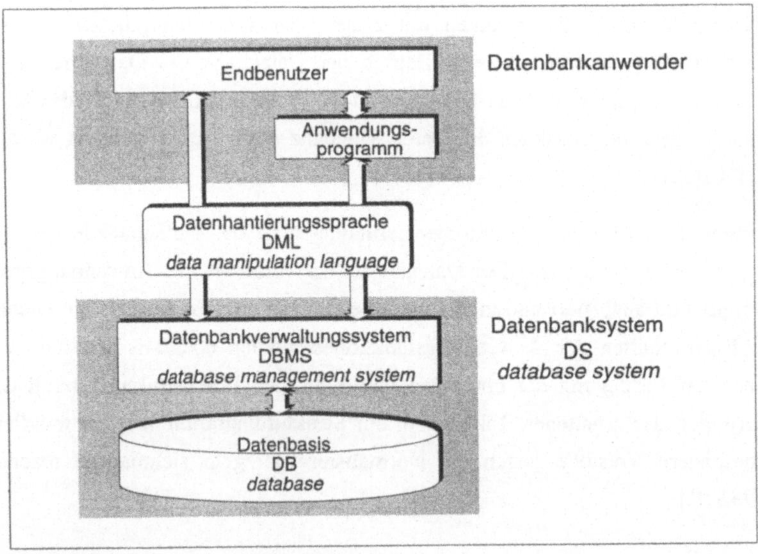


*Bild 4-5: Benutzung der Datenbank*

## 4.2.2 Grundlagen eines relationalen Datenbanksystems

Der relationale Ansatz beschreibt die logische Struktur einer Datenbank in Form von Tabellen, die mathematisch als Relationen bezeichnet werden. Eine Tabelle setzt sich aus Reihen und Spalten zusammen, die auch Datensätze und Felder genannt werden. Für jedes Attribut existiert eine entsprechende Tabellenspalte. Die Beziehungen zwischen den Tabellen wird nicht gesondert beschrieben, sie ergibt sich durch die inhaltliche Verknüpfung von Tabellenfeldern. Eine wichtige Rolle in der Theorie der relationalen Datenbank spielt der Begriff des Schlüssels. Der Schlüssel dient zur eindeutigen Identifikation eines Datensatzes in einer Tabelle. Sofern eine Tabellenspalte dafür zur Beschreibung nicht ausreicht, kann dieser Primärschlüssel aus einer Kombination mehrerer Spalten gebildet werden.

Neben den Tabellen selbst und den relationalen Operationen, wie die Selektion, die Projektion oder die Verbindung, die die Grundlage für das Abfragen und Ändern relationaler Datenbanken mit Hilfe einer Datenmanipulationssprache bilden, ist für den störungsfreien Betrieb der Datenbank die Datenkonsistenz sowie eine möglichst geringe Datenredundanz erforderlich. Mit Hilfe des Normalisierungsverfahrens kann die Datenredundanz stufenweise reduziert werden [PETK 92].

Ausgehend von diesen theoretischen Grundlagen ist das Datenbankdesign von entsprechender Bedeutung. Der Datenbedarf der vorgesehenen Anwendungsprogramme wird analysiert und in das logische Datenmodell umgesetzt. Die wichtigen Eigenschaften der Anwendungsfunktionen werden ebenfalls ermittelt und dienen der Festlegung der optimalen physikalischen Datenstruktur. Durch das Übertragen der erhaltenen Tabellen in ein Strukturdiagramm wird es möglich, insbesondere Verstöße gegen die Normalisierungsregeln sichtbar zu machen [CUSS 91].

## 4.2.3   Datenerfassung und -manipulation

Ausgehend von dem Datenbankgerüst erfolgt nun das Auffüllen der Tabellen mit den spezifischen Daten. Aufgrund der Definition der Daten ist es sinnvoll in reine Erfassung, wie zum Beispiel bei der Beschreibung von Werkzeugkomponenten, und der Datenmanipulation, die stellvertretend für das Arbeiten mit den Betriebsmitteldaten stehen soll, zu unterscheiden. Unter Erfassen soll als erstes die Eingabe des Datenbestandes bei der Erfassung von Betriebsmittelkomponenten betrachtet werden.

Beispielsweise ein Werkzeug wird durch eine Vielzahl von charakteristischen Daten beschrieben (Bild 4-6). Für jeden Typ muß eine spezifische Erfassung bereitgestellt werden. Zur Unterstützung des Mitarbeiters stellt das Datenbanksystem die erforderliche Eingabemaske zur Verfügung, wodurch der Mitarbeiter die internen Strukturen der Datenbank nicht kennen muß. In dieser Maske werden alle charakteristischen Daten abgefragt. Durch die Definition der Maske kann in bestimmten Teilbereichen und für verschiedene Merkmale bereits eine Grundeinstellung gemacht werden oder dem Bediener eine vordefinierte Auswahl an verschiedenen Kriterien zur Verfügung gestellt werden. Damit wird eine Erleichterung der Eingabe erzielt und gleichzeitig die notwendige Konsistenz der Daten erzeugt. Ein Beispiel hierfür ist die Bezeichnung der Bauteile, die der Mitarbeiter in der Regel textuell eingeben muß. Für ein und dasselbe Bauteil existieren oftmals mehrere verschieden Bezeichnungen. Bietet man nun an diesen Schlüsselstellen bestimmte eindeutige Bezeichnungen zur Auswahl an, aus den der Mitarbeiter nur auszuwählen braucht, können später die Ergebnisse von Suchroutinen deutlich verbessert werden. Zudem können auf diese Weise auch Inkonsistenzen aufgrund von Schreibfehlern bei der Texteingabe vermieden werden. Ähnliche Probleme treten bei allen Eingabefeldern auf, die durch das System keiner Plausibilitätskontrolle unterworfen werden können.

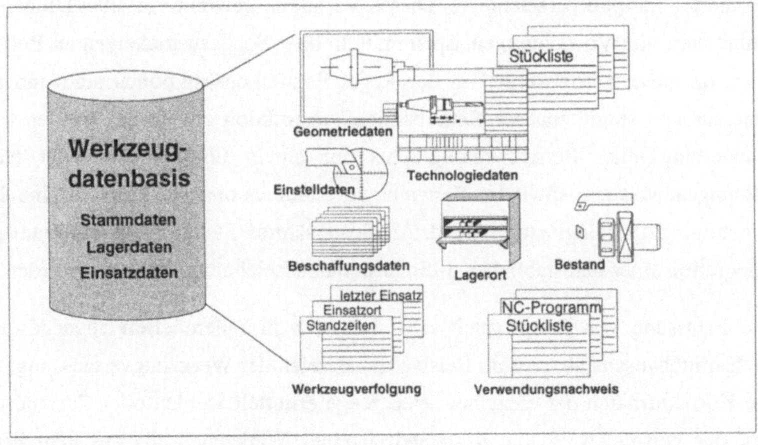


*Bild 4-6: Charakteristische Werkzeugdaten*

Zur Erfassung der Daten gehört auch die Erzeugung bzw. die Bereitstellung von Graphik. Innerhalb des Komplexes Verwaltungssystem wird jedoch auf die Integration eines Graphiksystems verzichtet. Für diese Entscheidung sprechen verschiedene Gründe. Durch die Anforderungen an die Betriebsmittelgraphik, die aus dem Bereich der NC-Simulation kommen, ist ein einfaches Abbilden in einem 2D-CAD-System nicht ausreichend. Die Erzeugung der Graphik muß somit in einem 3D-CAD-System erfolgen, wie es beispielsweise auch im Rahmen der normalen Betriebsmittelkonstruktion eingesetzt wird. Eine Integration eines 3D-Graphikmoduls in das Verwaltungssystem würde das Gesamtsystem über Gebühr aufweiten. Da vom Prinzip her die einzelnen Systeme so einfach wie möglich bleiben sollen, steht hier im Falle des 3D-Moduls der Nutzen im Gegensatz zum Aufwand der Integration sowie der Handhabbarkeit und Pflege des Systems. Durch die multitasking-Systeme, die auf den heute üblichen Rechnern zur Verfügung stehen, kann jedoch auf eine direkte Implementierung des CAD-Systems in das Verwaltungssystem verzichtet werden. Für die Erzeugung einer Betriebsmittelgraphik kann parallel zum Verwaltungsssystem die CAD-Anwendung gestartet werden. Bei der Erfassung der Daten muß ein Verweis auf die entsprechende Graphik gegeben werden. Systemintern verzweigt das System dann in die definierten Graphikverzeichnisse. Dieses Verfahren gewinnt vor allen Dingen in Anbetracht von Vorrichtungen, Spannmitteln oder Sonderwerkzeugen an Bedeutung, da diese Betriebsmittel in der Regel Sonderkonstruktionen sind und die Zeichnungen somit von der Betriebsmittelkonstruktion angefertigt werden. Die Darstellung einer Betriebsmittelgraphik auf einem Einrichteblatt oder einer Montageanweisung, sowie im Verwaltungssystem als optische Hilfe ist eine 2D-Darstellung allerdings ausreichend. An ausgewählten Stellen kann somit auf die Integration einer maßstäblichen 3-dimensionalen Zeichnung verzichtet werden.

Die Erfassung von Daten spielt sich aber auch in anderen Bereichen des Betriebsmittelwesens ab, so zum Beispiel im Bereich der Werkzeugvermessung, wo die Korrekturdaten der einzelnen Werkzeuge ermittelt werden oder Zustandsdaten, wie beispielsweise die Reststandzeit eines Werkzeugs, die aus dem Fertigungsprozeß stammen. Bei diesen Daten erfolgt die Erfassung nicht durch einen interaktiven Prozeß mit dem Bediener sondern durch die Kopplung der Datenbank bzw. des Verwaltungssystems mit dem entsprechenden untergeordneten System der Steuerungs- bzw. der Aktor-/Sensorebene. Diese Datenrückführung ist ein grundlegender Baustein im Betriebsmittelwesen und basiert auf der beschriebenen durchgängigen Informationsstruktur des Betriebsmittelwesens.

Aufbauend auf den Daten, die durch die Erfassung in das Verwaltungssystem gekommen sind, erfolgen nun alle anderen Aktionen, die global unter dem Begriff der Datenmanipulation zusammengefaßt sind. Unter Manipulation sollen somit alle Aktionen und Tätigkeiten verstanden werden, die durch den direkten Eingriff des Bedieners oder durch systeminterne Algorithmen für die weitere Verwendung in anderen CA-Systemen Daten ändern oder umwandeln.

Am Beispiel eines Werkzeugs sollen die verschiedenen Aktionen im Bereich Datenmanipulation kurz aufgezeigt werden. Aus den Komponenten, die einzeln erfaßt worden sind, werden Komplettwerkzeuge erzeugt, die bestimmte charakteristische Informationen der Einzelkomponenten übernehmen. Ergänzende Angaben, die nicht hergeleitet werden können, wie zum Beispiel der Solldatensatz, nach dem das Werkzeug vermessen wird, müssen vom Bediener eingegeben werden. Die Definition von Komplettwerkzeugen stellt somit eine Mischform aus Datenmanipulation und Datenerfassung dar.

| | konstant | variabel | perioden bezogen | |
|---|---|---|---|---|
| identifizierend | ● | | ● | Benennung |
| geometrisch | ● | ● | | Lage<br>Spanwinkel |
| technologisch | ● | | | Schnittiefe<br>Schneidstoffcode |
| organisatorisch | | ● | ● | Stückzahl<br>Einsatzort |
| statistisch | | ● | | Einsatzhäufigkeit |

*Bild 4-7: Grundlegende Einteilung der Werkzeugdaten [nach MAYE 88]*

Durch die grundlegende Definition und die Änderungshäufigkeit der einzelnen Daten, die in Bild 4-7 dargestellt sind, lassen sich verschiedene Datenkategorien festlegen, die im folgenden genauer erläutert und beschrieben werden.

Konstante oder statische Daten, die zeitlich unveränderlich sind und sich in der Regel auf einen Betriebsmitteltyp beziehen, beinhalten alle charakteristischen Informationen. Sie werden aus diesem Grund auch als Stammdaten bezeichnet und werden im Rahmen der Betriebsmittelorganisation festgelegt. Im Gegensatz dazu stehen die variablen oder dynamischen Daten, wie beispielsweise Lagerorte oder spezifische Daten, die sich auf ein Werkzeugindividuum beziehen. Sie werden auch als Bewegungsdaten bezeichnet und entstehen im Fertigungsbereich [HAPP 90]. Die Bewegungsdaten lassen sich weiter in Dispositions- und Zustandsdaten untergliedern [STOR 92]. Periodenbezogene Daten sind eine Untergruppe der dynamischen Daten, unterliegen aber einer wesentlich geringeren Änderungshäufigkeit. Im folgenden werden die einzelnen Kategorien nochmals genauer beleuchtet.

## 4.2.3.1   Konstante Daten

Die erste Gruppe der Betriebsmitteldaten sind die konstanten Stammdaten. In dieser Datenkategorie werden alle Informationen über einen bestimmten Betriebsmitteltyp zusammengefaßt. Betrachtet man exemplarisch ein Werkzeug, beinhalten die Stammdaten die genauen Geometrieinformationen des Werkzeugs, den Solldatensatz für die Werkzeugvermessung sowie Technologieinformationen bezüglich des Einsatzes des Werkzeugs. Zu den Stammdaten zählen auch die Stücklisteninformationen in bezug auf die Einzelkomponenten. Ein ebenfalls festes Merkmal der Stammdaten ist die Identnummer, die dem definierten Komplettwerkzeug zugeordnet wird. Aufgrund der Vielzahl von Betriebsmitteln und auch der entsprechend hohen Varianz, was das Aussehen und die charakteristischen Merkmale eines jeden Betriebsmittels angeht, wird klar, daß die Stammdaten betriebsmittelspezifische Kenndaten darstellen, die für jedes Betriebsmittel eine andere Struktur aufweisen. Was aber allen Stammdaten gemein ist, ist, daß sie nur einmal erfaßt werden und dann nicht mehr verändert werden.

### 4.2.3.2  Variable Daten

Im Gegensatz dazu stehen die zeitlich variablen bzw. dynamischen Betriebsmitteldaten. Während die Stammdaten immer einen spezifischen Typ eines Betriebsmittels beschreiben, spiegeln die dynamischen Daten nun die charakteristischen Merkmale eines speziellen Vertreters dieses Betriebsmitteltyps wieder. Um am Beispiel der Werkzeuge zu bleiben, wird jetzt für jedes Komplettwerkzeug, das entsprechend den Vorgaben aus dem Stammdatensatz zusammengestellt wird, ein eigener dynamischer Datensatz erzeugt, der die sogenannten Zustandsdaten dieses Werkzeugindividuums beinhaltet. Zu diesen Daten gehören zum Beispiel die Istgeometrie, die Standzeit, der Lagerort und Einsatzort. Diese Daten werden während der Lebensdauer dieses Individuums mehrmals verändert und aktualisiert. Was auch hier unverändert bleibt ist das Zuordnungskriterium, nämlich die eindeutige Identnummer des Werkzeugs. Die Eindeutigkeit wird durch die Erweiterung der Typidentnummer durch eine fortlaufende Nummer gewährleistet. In Bild 4-8 ist die grundlegende Einteilung der Daten nochmals graphisch dargestellt.

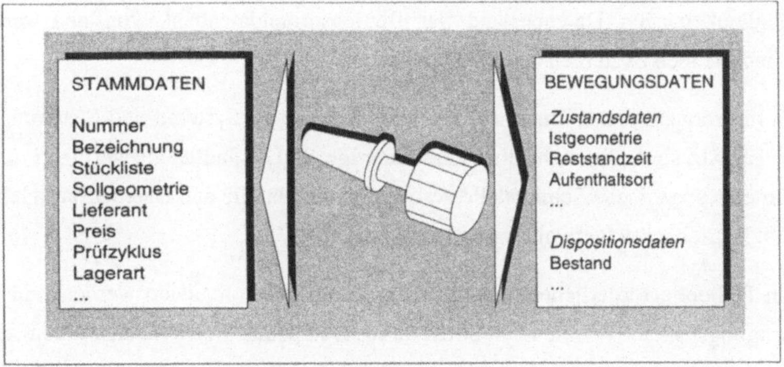



*Bild 4-8: Untergliederung der Datenkategorien eines Betriebsmittels*

Eine Form der variablen Daten, die hier separat angesprochen werden soll, sind die statistischen Daten. Diese Informationen beziehen sich auf den Betriebsmitteltyp und nicht auf das einzelne Individuum. Sie beschreiben beispielsweise die Einsatzhäufigkeit eines Werkzeugtyps, dessen Verwendungsnachweise, aber auch die Störungen, die beim Einsatz dieses Werkzeugs aufgetreten sind. Sie dienen der Verdeutlichung des Zustands des Betriebsmittelwesens und stellen damit eine wichtige Informationsquelle für die Bestandspflege dar.

### 4.2.4    Schnittstellen der Betriebsmitteldatenbank

Der wichtigste Punkt bei der Durchgängigkeit der Informationsstruktur ist natürlich die Zugänglichkeit der Daten für alle Systeme. Das wirft sofort die Frage nach den Schnittstellen zur Betriebsmitteldatenbank auf. Um dem allgemeinen Trend Folge zu leisten und vor allen Dingen auch eingeführten Standards zu entsprechen, bietet es sich an, für die Systeme der technischen Auftragsabwicklung die Standarddatenbankabfragesprache SQL für die notwendigen Schnittstellen zu verwenden. Sobald die Datenstruktur bekannt ist, kann in den Systemen ein entsprechendes Modul integriert werden, das es ermöglicht, ohne direkten Eingriff des Bedieners die benötigten Informationen in einem Hintergrundprozedur direkt aus der Datenbank auszulesen. Über die gleiche Prozedur besteht dann auch die Möglichkeit, den Datenbestand der Betriebsmitteldatenbank von den korrespondierenden Systemen aus zu aktualisieren.

Da in produzierenden Unternehmen aber auch andere Systeme und Steuerungen im Einsatz sind, die nicht über eine derartige SQL-Schnittstelle verfügen, muß hier eine spezifische Schnittstelle geschaffen werden, die den Datenaustausch mit dem Betriebsmittelverwaltungssystem ermöglicht.

Ein Teil der erforderlichen Schnittstellen kann dadurch realisiert werden, daß die fertigungsnahen Systeme nicht direkt an die Datenbank angebunden werden, sondern daß diese Systeme über einfache Kommunikationsschnittstellen an die Zellenebene gekoppelt werden und erst diese Ebene auf die Datenbank zugreift. Dieses Vorgehen adaptiert die bereits erprobte Vorgehensweise im Bereich der Fertigungszellen [GROH 88]. Die Analogie in den Abläufen im Fertigungssystem erlaubt es, dieses Vorgehen auf das Betriebsmittelwesen zu übertragen.

Aufbauend auf einer Netzwerkverbindung zweier Kommunikationspartner läßt sich die programmtechnische Kopplung auf drei verschiedene Arten realisieren:

- Zugriff auf eine gemeinsame Datei

- Zugriff auf eine gemeinsame Datenbank

- Austausch von *online*-Meldungen

Beim gemeinsamen Dateizugriff schreibt das sendende Programm die zu übertragenden Daten in eine Datei, welche vom empfangenden Programm gelesen werden kann. Der Empfänger kontrolliert in regelmäßigen Abständen, ob sich der Inhalt geändert hat (sog. *polling*). Der Zugriff auf eine gemeinsame Datenbank funktioniert nach demselben Prinzip. Eine *online*-Meldung wird dagegen im empfangenden Programm unmittelbar registriert. Sie löst dort einen sog. *event* (Ereignis) aus.

Durch eine Kombination von gemeinsamem Datei- bzw. Datenbankzugriff und *online*-Kommunikation läßt sich das rechenzeitintensive *polling* vermeiden. Der Sender teilt dem Empfänger durch eine kurze *online*-Meldung mit, daß er Daten in der Datei bzw. Datenbank abgelegt hat.

## 4.3 Funktionen im Bereich Betriebsmittelorganisation

Der Kern der Betriebsmittelorganisation ist das Verwaltungssystem, das als zentrale Informationskomponente fungiert. Aus dieser Aufgabe heraus leiten sich verschiedene Anforderungen an das System ab. Unabhängig von den Einzelfunktionen lassen sich allgemeingültige Anforderungen an ein Betriebsmittelverwaltungssystem formulieren. Besonders wichtig sind die Forderungen nach

- Bedienerfreundlichkeit

- Flexibilität und

- Integrationsfähigkeit

der rechnergestützten Betriebsmittelverwaltung, da diese drei Eigenschaften eine effektive und langfristige Nutzung des Systems ermöglichen.

Bedienerfreundlichkeit bedeutet im Fall einer Datenbankanwendung zum einen, daß keinerlei Datenbankkenntnisse seitens des Benutzers vorausgesetzt werden. Zum anderen ist durch geeignete Maßnahmen sicherzustellen, daß sich die Antwortzeiten bei Datenbankzugriffen innerhalb eines vom Benutzer noch akzeptierten Rahmens bewegen.

Flexibilität heißt, daß sich das System problemlos veränderten Bedingungen anpassen läßt. Bei der Einführung neuartiger Betriebsmittel sollte beispielsweise eine Erweiterung des Klassifizierungssystems und die Aufnahme neuer beschreibender Merkmale ohne großen Aufwand möglich sein.

Integrationsfähigkeit schließlich ist die Voraussetzung für eine zentrale Speicherung der Betriebsmitteldaten und ihre problemlose Übertragung an andere Systeme. Sie ist zugleich die am schwierigsten zu realisierende Anforderung an ein Betriebsmittelverwaltungssystem.

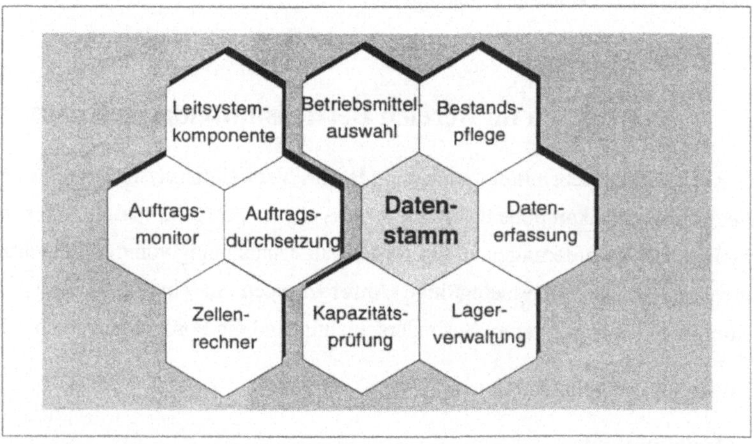


*Bild 4-9: Aufgaben eines zentralen Verwaltungssystems*

Neben diesen grundsätzlichen Anforderungen hat das Verwaltungssystem eine Reihe von Aufgaben zu erfüllen (Bild 4-9). Nach der Datenerfassung liegt das Hauptaugenmerk auf der Unterstützung der Betriebsmittelauswahl, der Bestandsbereinigung, der Lagerverwaltung und der Kapazitätsprüfung. Darüber hinaus muß das Verwaltungssystem nun auch Leitsystemfunktionen erfüllen, die sich als Auftragsdurchsetzung, die Funktion eines Auftragsmonitors, sowie Kommunikation mit dem Fertigungsleitsystem und dem Betriebsmittelzellenrechner formulieren lassen.

## 4.3.1 Klassifizierungs- und Nummerungssystem

Eines der grundlegendsten Probleme bei der Erfassung und Haltung der Betriebsmitteldaten ist die Klassifizierung und das Nummernsystem, das bei der Datenhaltung zugrunde gelegt werden soll.

Ein Betriebsmittelklassifizierungssystem dient der systematischen Ordnung der in der Fertigung eingesetzten Betriebsmittel. Es faßt ähnliche Betriebsmittel zu Gruppen zusammen, welche die Basis für die Benummerung, die Erfassung von Daten und die Auswahl von Betriebsmitteltypen bilden.

Der technologische Fortschritt auf dem Werkzeugsektor, der Einsatz neuer Fertigungsverfahren und Änderungen des herzustellenden Teilespektrums führen dazu, daß das Betriebsmittelspektrum einem ständigen Wandel unterliegt. Beispielsweise hat sich bei Drehwerkzeugen der Anteil der wendeschneidplattenbestückten Werkzeuge, der 1970 noch bei ca. 50 % lag, auf über 90 % erhöht [STOR 87]. Daraus ergibt sich die Forderung nach Flexibilität des Klassifizierungssystems.

Eine für neue Entwicklungen offene Klassifizierung läßt sich im Rahmen der rechnergestützten Betriebsmittelverwaltung auf zwei Arten realisieren. Es wird eine allgemeingültige Klassifizierung definiert, welche nicht nur die momentan eingesetzten Betriebsmittelgruppen enthält, sondern sämtliche denkbaren Betriebsmittelgruppen vorsieht. Diese Klassifizierung wird bei der Implementierung des Betriebsmittelverwaltungssystems zugrunde gelegt und kann später aber nicht mehr geändert werden. Die zweite Variante besteht darin, dem Benutzer die Möglichkeit zu geben, ein seinen Anforderungen entsprechendes Klassifizierungssystem frei zu definieren und im Lauf der Zeit immer wieder zu modifizieren.

Aus Sicht des Anwenders ist es sicherlich wünschenswert, die zweite Variante zu realisieren, da die Berücksichtigung zukünftiger Entwicklungen im Rahmen einer allgemeingültigen Klassifizierung nur in sehr beschränktem Maße gelingt. Beispiel hierfür ist die Klassifizierung der Werkzeuge nach VDI 3320 aus dem Jahr 1971 [VDI 71]. Daher soll das zu entwerfende System die weitgehend freie Definition des Klassifizierungssystems durch den Benutzer erlauben.

*Bild 4-10:  Beispiel eines Klassifizierungssystems, Ausschnitt*

Um einen bestimmten Rahmen für die Klassifizierung vorzugeben, unterliegt das System lediglich folgenden Vorgaben, die exemplarisch am Beispiel der Werkzeuge dargestellt werden (Bild 4-10):

- Der Klassifizierung liegt eine vierstufige hierarchische Struktur zugrunde. In Anlehnung an VDI 3320 werden Werkzeugbereiche, -hauptgruppen, -gruppen und -untergruppen unterschieden. Als Oberbegriff wird die Bezeichnung Klasse verwendet.

- Jede Klasse kann maximal zehn untergeordnete Klassen besitzen.

- Mit Ausnahme der Bereiche muß jede Klasse eine übergeordnete Klasse besitzen. Beispielsweise kann keine Gruppe existieren, die nicht einer Hauptgruppe untergeordnet ist.

- Bei ihrer Erfassung werden die verschiedenen Werkzeugtypen jeweils genau einer Untergruppe zugeordnet, d.h. die Klassifizierung muß eindeutig sein.

In derselben Weise werden die Komponenten der Betriebsmittel klassifiziert. Ein einmal entwickeltes Klassifizierungssystem kann jederzeit durch Anfügen oder Löschen von Klassen modifiziert werden.

Die Betriebsmittelnummer dient zum einen der eindeutigen Identifikation eines komplett montierten Betriebsmittels oder einer Komponente. Zum anderen enthält sie in verschlüsselter Form die Klasse, welcher das betreffende Objekt angehört (Klassifikation).

Grundsätzlich unterscheidet man zwei Möglichkeiten der Benummerung von Objekten:

- In einem Verbundnummernsystem wird das Nummerungsobjekt mit einer Klassifizierungsnummer in eine Klasse eingeordnet und innerhalb der Klasse durch eine Zählnummer identifiziert. Da die Zählnummer nur innerhalb der Klasse eindeutig ist, muß zur Identifikation immer die vollständige Verbundnummer verwendet werden.

- Bei einem Parallelnummernsystem wird einer Identifizierungsnummer eine von dieser völlig unabhängigen Klassifizierungsnummer zugeordnet. Identnummer und Klassifizierungsnummer können je nach Bedarf getrennt voneinander oder zusammen verwendet werden.

Ein Parallelnummernsystem bietet eine Reihe von Vorteilen gegenüber einem Verbundnummernsystem. Insbesondere ist es besser für die elektronische Datenverarbeitung geeignet. Für die rechnergestützte Betriebsmittelverwaltung kommt daher nur ein Parallelnummernsystem in Betracht [BALB 92b, HAKE 91, WIEN 88b].

Hier wird ein Parallelnummernsystem zugrundegelegt werden, das die Vergabe einer sechsstelligen Identifizierungs- und einer ebenso langen Klassifizierungsnummer für jeden Werkzeug- bzw. Komponententyp vorsieht. Beide Nummern bestehen ausschließlich aus Ziffern. Auf die Bezeichnung mit Buchstaben wurde verzichtet.

Die beiden Nummernbestandteile werden bei der Neuanlage eines Betriebsmittels oder einer Komponente auf folgende Weise festgelegt. Das Betriebsmittelverwaltungssystem vergibt automatisch eine bis dahin nicht belegte Identnummer. Diese ist innerhalb des Betriebsmittelwesens eindeutig. Vier Stellen der Klassifizierungsnummer ergeben sich durch die Einordnung des Betriebsmittels in eine Untergruppe des im vorigen Abschnitt beschriebenen Klassifizierungssystems (Bild 4-10). Die restlichen beiden Stellen spielen innerhalb der Betriebsmittelverwaltung keine Rolle und können dazu verwendet werden, die Werkzeugklassifikation in ein betriebsweites, alle Artikel (Teile, Baugruppen, Maschinen) umfassendes Klassifizierungssystem einzubinden. Zur Unterscheidung von Schwesterwerkzeugen wird an die Identnummer eine laufende zweistellige Zahl angehängt.

## 4.3.2    Flexible Sachmerkmalleisten

Einer Klasse des Klassifizierungssystems ist eine Reihe von Merkmalen zugeordnet, welche die in der Klasse enthaltenen Gegenstände beschreiben. Die Gesamtheit aller Merkmale einer Klasse bezeichnet man als Merkmalleiste.

Nach DIN 4000 [DIN 81] unterscheidet man Sachmerkmale, die Gegenstände unabhängig von ihrem Umfeld beschreiben, wie zum Beispiel der Durchmesser eines Fräsers, und Relationsmerkmale, welche eine Beziehung von Gegenständen zu ihrem Umfeld kennzeichnen, zum Beispiel die Lieferzeit eines Werkzeugtyps. Im Rahmen der Betriebsmittelverwaltung dienen Sachmerkmale überwiegend zum Suchen von Werkzeugen und Komponenten, während die Relationsmerkmale für dispositive und organisatorische Aufgaben verwendet werden.

In DIN 4000 ist eine Vielzahl von Sachmerkmalleisten für unterschiedliche Gegenstandsgruppen genormt, darunter auch einige, die das Betriebsmittelwesen betreffen: Darüber hinaus befinden sich derzeit weitere Normvorschläge für Werkzeuge und Werkzeugeinzelteile in Vorbereitung [KETT 92].

Da die genannten Merkmalleisten weder betriebsspezifische Informationen, noch Relationsmerkmale vorsehen, ist es sinnvoll, betriebsspezifische Merkmalleisten in Anlehnung an die Norm zu entwickeln [SPRU 93]. Die Verwaltung von Stamm- und sonstigen Betriebsmitteldaten soll hier nach den folgenden Grundsätzen erfolgen, die dem Anwender in der Bildschirmmaske angeboten werden.

Bei der Neuanlage einer Klasse kann der Benutzer die zugehörige Merkmalleiste völlig frei definieren. Im System sind die genormten Merkmalleisten enthalten, die er verwenden und zu seinen Zwecken modifizieren kann. Eine übergeordnete Klasse "vererbt" ihre Merkmale an die ihr untergeordneten Klassen. Ein einer Untergruppe zugehöriges Werkzeug trägt also bereichs-, hauptgruppen-, gruppen- und untergruppenspezifische Merkmale. Neben den vom Benutzer definierten Merkmalen werden zu einem Betriebsmittel die vom System in jedem Fall benötigten Daten gespeichert (zum Beispiel der Ist-Bestand). In jeder Merkmalleiste werden drei "Auswahlmerkmale" definiert, über welche der Benutzer nach Objekten mit bestimmten Eigenschaften, wie zum Beispiel einem bestimmten Durchmesser, suchen kann. Zusammen mit der freien Definition des Klassifizierungssystems entsteht so eine sehr flexible Betriebsmittelverwaltung, die der Benutzer optimal seinen spezifischen Bedürfnissen anpassen kann.

### 4.3.3    Fügbarkeitsprüfung

Die Fügbarkeitsprüfung ist bereits die erste Funktion, die den Anwender unterstützt und Informationen, die für die einzelnen Komponenten erfaßt worden sind, auswertet. Bei der Beschreibung der Komponenten kann der Bediener zusätzliche Merkmale angeben, die die Einsatzmöglichkeiten der jeweiligen Komponente beschreiben. Das kann bei einer Werkzeugaufnahme beispielsweise die Beschreibung der entsprechenden maschinenseitigen Aufnahme sein. Gerade bei den Aufnahmen ist durch vielfältige Änderungen der DIN-Normen rein durch die

Angabe der entsprechenden Norm nicht gesichert, daß Bauteile, die der gleichen Norm entsprechen, miteinander eingesetzt werden können. Dies gilt zum Beispiel für die verschiedenen Normblätter der DIN-Norm 69871 für den DIN-Steilkegel aus unterschiedlichen Jahrgängen.

Die Fügbarkeitsprüfung kommt erst bei der Definition von Zusammenbauten von Betriebsmitteln zum Tragen. Parallel zum Auswahlvorgang der einzelnen Komponenten kann nun der Prüfmechanismus die Fügbarkeitsüberprüfung der einzelnen Bauteile durchführen. Hierfür kann auf die Kenndaten der einzelnen Bauteile zurückgegriffen und die charakteristischen Merkmale miteinander verglichen werden. Werden Inkonsistenzen beim Abgleich der einzelnen Daten festgestellt, ergeht eine entsprechende Meldung an der Anwender, der dann die Möglichkeit der Korrektur hat. Werden für die einzelnen Komponenten keine derartigen Prüfmerkmale festgelegt, wird die Definition von Komplettwerkzeugen dadurch nicht beeinträchtigt. Die Erfassung dieser Fügbarkeitskriterien wird sinnvollerweise in die Erfassung der Betriebsmitteldaten integriert.


### 4.3.4   Verwendungsnachweise

Der Verwendungsnachweis ist ein weiteres sehr wichtiges Kriterium innerhalb des Betriebsmittelwesens. Durch diesen Verwendungsnachweis wird vor allen Dingen ein Instrument zur Bestandsoptimierung geschaffen. Am Beispiel der Werkzeuge soll diese Thematik hier erläutert werden. Die Basis für die Verwendungsnachweise bilden die maschinenspezifischen NC-Programme. Jedes Komplettwerkzeug, das in den NC-Programmen angezogen wird, erhält einen entsprechenden Verweis auf dieses Programm. Verwendungsnachweise spiegeln somit eine spezifische Form der Stücklisteninformation beispielsweise eines Werkzeugs wieder. Anhand dieser Informationen besteht nun die Möglichkeit bei Änderungen im Betriebsmittelspektrum sofort die davon betroffenen NC-Programme ausfindig zu machen. Der NC-Programmierer kann dann, bevor das Programm erneut angezogen wird, die notwendigen Änderungen machen. Anwendung besteht vor allen Dingen bei der datentechnischen und physikalischen Bestandsbereinigung der Betriebsmittel. In gleicher Weise dienen die Verwendungsnachweise auch der auftragsbezogenen Betriebsmittelbereitstellung [MILB 90].

## 4.3.5  Bestandsplanung und -pflege

Im Rahmen der Bestandsführung durch das Betriebsmittelverwaltungssystem unterscheidet man verschiedene Bestandsarten:

- Die Anzahl der vorhandenen Komponenten eines Betriebsmitteltyps bildet den Ist-Bestand (Gesamtbestand).

- Die in einem Lager enthaltenen Exemplare stellen den Lagerbestand dar, der sich mit dem Umlaufbestand, der alle im Einsatz befindlichen Komponenten berücksichtigt, zum Ist-Bestand addiert.

- Die Bestandsplanung gibt den Soll-Bestand eines Typs vor.

- Das Unterschreiten eines Mindesbestandes löst die Beschaffung bzw. Montage des entsprechenden Typs aus.

Das Betriebsmittelspektrum planen heißt, festlegen, welche Betriebsmittel bzw. Komponenten neu angeschafft oder abgeschafft werden sollen. Ziel ist es, die Betriebsmittelvielfalt auf ein Minimum zu beschränken.

Eine typische Aufgabenstellung im Bereich der Werkzeuge ist hier beispielsweise die Entscheidung, ob für eine bestimmte Bearbeitung ein Sonderwerkzeug angeschafft oder ein Standardwerkzeug eingesetzt werden soll. Sonderwerkzeuge sind im allgemeinen teuer in der Anschaffung und nur für einen bestimmten Einsatzzweck zu gebrauchen, bieten aber bei größeren Auftragszahlen den Vorteil höherer Produktivität. Die allgemeine Tendenz zu kleineren Losen und größerer Variantenvielfalt führt heute zu vermehrtem Einsatz von Standardwerkzeugen und Spezialwerkzeugen, die mehrere aufeinander folgende Arbeitsschritte, wie Zentrieren, Bohren und Senken, in einem Werkzeug vereinigen.

Aufgabe der Bestandsmengenplanung ist es, Soll- bzw. Mindestbestände für die Betriebsmittel und die einzelnen Komponenten festzulegen. Ziel ist die Minimierung der durch Bestandsveränderungen beeinflußbaren Kosten. Die betroffenen Kostenarten lassen zwei gegenläufige Tendenzen erkennen [GROS 89].

- Mit einer Erhöhung der Bestände steigen die Kapitalbindungs- und Lagerkosten.

- Bei einer Bestandsreduzierung nehmen die durch betriebsmittelbedingte Maschinenstillstände verursachten Kosten zu.

Der Verlauf der Gesamtkosten weist ein Minimum auf (Bild 4-11).

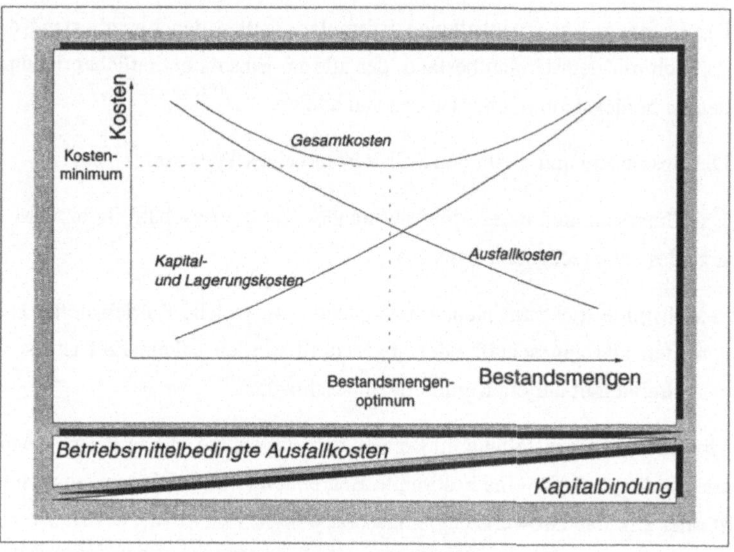


*Bild 4-11: Verlauf der bestandsabhängingen Kosten*

Das Betriebsmittelverwaltungssystem soll den Planer bei der Ermittlung der optimalen Bestände unterstützen. Zu diesem Zweck ist eine Lösung, bei der das System eine vergleichende Kostenrechnung durchführt, denkbar. Die Erhebung der notwendigen Ausgangsdaten ist allerdings mit erheblichem Aufwand verbunden. Auch mit Hilfe von Simulationsexperimenten lassen sich die Auswirkungen von Bestandsänderungen auf die Fertigung abschätzen [LAMP 89, SOLI 87].

Im Rahmen dieser Arbeit wird ein anderes Konzept verfolgt, bei welchem dem Planer nur grobe Anhaltspunkte gegeben werden, welche Bestände zu erhöhen und welche Bestände zu reduzieren sind. Dies geschieht in Form von aus der Fertigung und Fertigungssteuerung rückgemeldeter Daten. Dafür kommen folgende Informationen in Betracht:

- die in der Fertigung aufgetretenen, betriebsmittelbedingten Störungen und die sie verursachenden Betriebsmitteltypen

- die Auslastungsquote eines Betriebsmittels als Quotient aus kumulierter Reservierungszeit einerseits und betrachtetem Zeitraum multipliziert mit der Anzahl der baugleichen Betriebsmittel andererseits

- die Anzahl betriebsmittelbedingter Umplanungen der Maschinenbelegung durch das Leitsystem und die sie verursachenden Betriebsmitteltypen

- die Anzahl an Montage-/Demontagevorgängen eines Betriebsmittels.

Die Bestandssteuerung sorgt dafür, daß die Ist-Bestände mit den von der Bestandsplanung vorgegebenen Soll-Beständen übereinstimmen. Bei Unterschreiten des Soll- bzw. Mindestbestandes löst das Betriebsmittelverwaltungssystem die Beschaffung eines Betriebsmittels bzw. einer Komponente aus. Liegt der Ist-Bestand über dem Sollbestand, so bedeutet dies, daß zum Beispiel bei Komplettwerkzeugen Exemplare des entsprechenden Typs abgeschafft werden müssen. Das bedeutet entweder die Verschrottung oder die Zerlegung von Betriebsmitteln in die einzelnen Komponenten. Für die Bestellung von Betriebsmitteln und Komponenten stellt das Betriebsmittelverwaltungssystem die benötigten Daten, wie Lieferant, Preis oder Lieferfrist, zur Verfügung.

## 4.3.6    Technologiebetrachtungen

Ein wichtiger Aspekt der Betriebsmittelverwaltung ist die optimale Nutzung der Ressourcen und Minimierung der Fertigungskosten. Das bedeutet speziell beim Werkzeugeinsatz, die optimalen Technologieparameter im Rahmen der NC-Programmierung einzustellen. Diese Technologieparameter werden dabei in einem spezifischen Technologiemodul des Betriebsmittelverwaltungssystems erarbeitet und dann den anderen Systemen zur Verfügung gestellt. Die Bestimmung kostenoptimaler Schnittwerte erfolgt in der Reihenfolge Schnittiefe, Vorschub, Schnittgeschwindigkeit [KÖNI 84; BURM 86; STOR 87] und basiert auf der Fertigungskostengleichung (1).

$$K_F = K_{ML}\left(\frac{t_r}{m} + t_n + t_h\right) + \frac{t_h}{T}(K_{ML} \cdot t_w + K_{WT}) \quad [DM/Stck] \qquad (1)$$

| | | | |
|---|---|---|---|
| $K_F$: | Fertigungskosten | $t_r$: | Rüstzeit |
| $K_{ML}$: | Maschinen- und Lohnkosten | $t_n$: | Nebenzeit |
| $K_{WT}$: | Werkzeugkosten je Standzeit | $t_h$: | Hauptzeit |
| $T$: | Standzeit | $t_w$: | Werkzeugwechselzeit |
| $m$: | Losgröße | | |

Da die Fertigungskosten in Abhängigkeit von der Hauptzeit mit steigender Schnittiefe abnehmen, wird sie so groß wie möglich gewählt. Die Schnittiefe wird dabei durch die maximal zulässige Spanungsbreite des Werkzeugs nach oben begrenzt. Um eine sichere Spanabnahme zu gewährleisten, muß jedoch darauf geachtet werden, daß die Schnittiefe ein von der Werkstoff/Schneidstoffpaarung abhängiges Minimum nicht unterschreitet.

Der kostenoptimale Vorschub liegt für den größten Teil der Anwendungsfälle oberhalb des technisch erreichbaren Wertes. Man wählt daher auch den Vorschub so groß wie möglich. Einschränkungen bestehen hier in Form des maximalen und des minimalen Vorschubs der Maschine, der maximalen und minimalen Spanungsdicke des Werkzeugs, der maximalen Schnittkraft des Werkzeugs und der vorgeschriebenen Oberflächengüte des Werkstücks. Es ist darauf zu achten, daß die Kombination aus Vorschub und Schnittiefe in einem für die Spanbildung günstigen Bereich liegt, der von Werkstoff und Schneidstoff abhängig ist.

Für die Bestimmung der kostenoptimalen Schnittgeschwindigkeit wird in der Fertigungskostengleichung (1) die Hauptzeit $t_h$ als Funktion der Schnittgeschwindigkeit dargestellt sowie die Standzeit $T$ eines Werkzeugs nach der vereinfachten Taylorgleichung (2) durch die Schnittgeschwindigkeit $v_c$ ersetzt.

$$T = C_v \cdot v_c{}^k \tag{2}$$

$C_v$:  Achsenabschnitt der Taylorgeraden bei $v_c = 1$ m/min

$k$:  Steigungsexponent der Taylorgeraden (abhängig von $v_c$)

Der Verlauf der Fertigungskosten in Abhängigkeit von der Schnittgeschwindigkeit weist ein ausgeprägtes Minimum auf, da die Werkzeugkosten mit der Schnittgeschwindigkeit steigen (höherer Verschleiß), während der Maschinenkostenanteil sinkt (kürzere Hauptzeiten). Durch Differenzieren der Fertigungskostengleichung nach der Schnittgeschwindigkeit $v_c$ erhält man folgende Gleichung für die kostenoptimale Schnittgeschwindigkeit $v_{cok}$ [KÖNI 84]:

$$v_{cok} = \sqrt[k]{-(k+1)\frac{\left(t_w + \frac{K_{WT}}{K_{ML}}\right)}{C_v}} \tag{3}$$

Zusätzlich müssen Schnittgeschwindigkeit und Vorschub in einem Bereich günstiger Spanformen liegen, und die maximale Spindelleistung der Maschine darf nicht überschritten werden. In diesen Betrachtungen muß auch das dynamische Verhalten der Maschine berücksichtigt werden, da Störungen der Bearbeitung, beispielsweise durch das Rattern der Maschine, vermieden werden sollen.

Die zur Schnittwertermittlung benötigten Daten werden in der Betriebsmitteldatenbank gespeichert. Ein Datenbankanwendungsprogramm, Technologieprozessor genannt, übernimmt die rechnerische Auswertung. Ergebnis ist neben den kostenoptimalen Schnittwerten, die an das NC-Programmiersystem übermittelt werden, die zu erwartende Standzeit, welche den Ausgangspunkt für die Überwachung der Reststandzeit bildet.

### 4.3.7  Lagerverwaltung

Ein Ziel des Betriebsmittelwesens ist es, eine effiziente Nutzung und eine optimale Bestandshaltung zu ermöglichen. Dies wird vor allem am Beispiel der Werkzeuge sehr deutlich, da hier aufgrund der Vielzahl von verschiedenen Werkzeugen und damit der hohen Anzahl an unterschiedlichen Komponenten ein entsprechender Bedarf an Effizienz besteht. Dazu gehört, daß sowohl über die Komponenten der Werkzeuge sowie über Werkzeugzusammenbauten exakt Buch geführt wird. Buchführen bedeutet hier, daß für jede einzelne Komponente festgelegt wird, wo sie im Lager aufzubewahren ist. In diesem Lagermodul wird ein exaktes Abbild der bestehenden Lagerplätze erstellt, was bedeutet, daß jedes Regal, jeder Fachboden und jede Schublade erfaßt werden. Jedes Bauteil und jede Artikelnummer, die im Verwaltungssystem erfaßt ist, wird nach dem benötigten Lagerplatz klassifiziert. Durch diese Aufnahme ist es nun möglich eine chaotische Lagerhaltung zu realisieren, die zu einer optimierten Flächennutzung im Bereich des Lagers führt.

### 4.3.8   Zugangsberechtigung

Der letzte Punkt, der hier angesprochen werden soll, ist die Gestaltung der Zugangsberechtigung für das Verwaltungssystem. Für die Aktualität und vor allen Dingen die Konsistenz des Datenbestandes ist es von ausgesprochener Wichtigkeit, daß der Zugriff auf die Daten streng reglementiert wird. Grundsätzlich kann jedem Anwender des Systems die Einsichtnahme und die Abfrage von Informationen zugestanden werden. Der Eingriff in die Datenbank und damit die Manipulation der Daten muß aber bestimmten Personen bzw. Funktionsträgern vorbehalten bleiben.

Je nach Aufgabengebiet unterscheiden sich sowohl der Informationsbedarf als auch die Notwendigkeit der Datenmanipulation. In Bild 4-12 sind hier alle Funktionsbereiche aufgelistet, die Informationen zu Betriebsmitteln benötigen und wie der Zugang und somit die Befugnis für die jeweiligen Anwender gestaltet werden muß. Als Beispiel wurden hier wieder die Werkzeuge gewählt, die Ergebnisse lassen sich aber entsprechend auf die anderen Betriebsmittelgruppen übertragen.

Das Erfassen der Komponentendaten ist im Bereich der Betriebsmittelbeschaffung sowie eingeschränkt im Bereich der Betriebsmittelkonstruktion anzusiedeln. Die Definition von Komplettwerkzeugen erfolgt im Bereich der NC-Programmierung. Alle Daten und Informationen, die die Lagerhaltung betreffen, werden im Rahmen der Ein- und Auslagerung in der Betriebsmittelzelle erforderlich. Dies sind sowohl Änderungen der Lagerorte sowie verschleißbedingte Änderungen des Bestandes einzelner Komponenten. Änderungen im Rahmen der Bestandspflege erfolgen im Bereich der Betriebsmittelplanung. Wobei hier zwischen der Pflege des Datenbestandes und der Pflege des physikalischen Betriebsmittelbestandes zu unterscheiden ist.

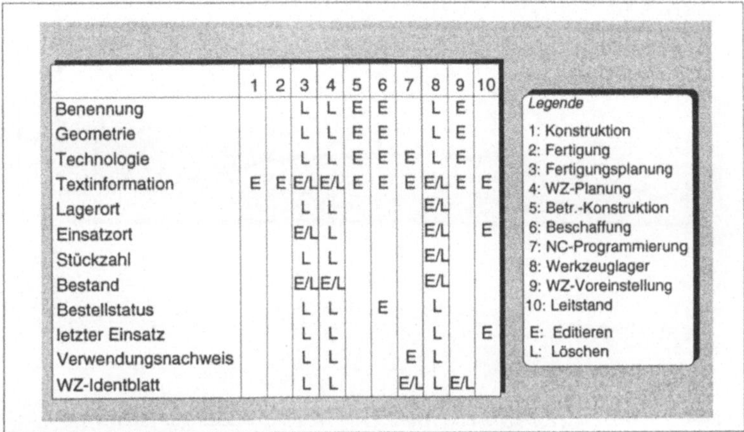

| | 1 | 2 | 3 | 4 | 5 | 6 | 7 | 8 | 9 | 10 |
|---|---|---|---|---|---|---|---|---|---|---|
| Benennung | | | L | L | E | E | | L | E | |
| Geometrie | | | L | L | E | E | | L | E | |
| Technologie | | | L | L | E | E | E | L | E | |
| Textinformation | E | E | E/L | E/L | E | E | E | E/L | E | E |
| Lagerort | | | L | L | | | | E/L | | |
| Einsatzort | | | E/L | L | | | | E/L | | E |
| Stückzahl | | | L | L | | | | E/L | | |
| Bestand | | | E/L | E/L | | | | E/L | | |
| Bestellstatus | | | L | L | | E | | L | | |
| letzter Einsatz | | | L | L | | | | L | | E |
| Verwendungsnachweis | | | L | L | | | E | L | | |
| WZ-Identblatt | | | L | L | | | E/L | L | E/L | |

Legende

1: Konstruktion
2: Fertigung
3: Fertigungsplanung
4: WZ-Planung
5: Betr.-Konstruktion
6: Beschaffung
7: NC-Programmierung
8: Werkzeuglager
9: WZ-Voreinstellung
10: Leitstand

E: Editieren
L: Löschen

*Bild 4-12: Aktionsumfang der einzelnen Anwendergruppen*

Neben der Zugangsberechtigung und den damit verbundenen Möglichkeiten der Datenmanipulation kann auch der Umfang des Systems, der dem jeweiligen Anwender angeboten wird, unterschiedlich gestaltet werden. Für einen Anwender im Bereich der Fertigung sind beispielsweise die Statistiken, die im System angelegt werden, nicht von Interesse. Durch eine spezifische Auswahl von Funktionen und Masken, die dem einzelnen Anwender entsprechend seiner Tätigkeit und Funktion angeboten werden, wird eine wesentlich bessere Übersichtlichkeit des Systems gewahrt, was letztendlich beim Anwender eine höhere Akzeptanz dem System gegenüber hervorruft. Diese Zugangsberechtigung kann über einen Passwordschutz, der mit der Zuweisung der verschiedenen Manipulationsmöglichkeiten und der geeigneten Systemkonfiguration gekoppelt ist, bewerkstelligt werden. In Bild 4-13 ist schematisch die spezifische Auslegung auf einzelne Anwender bezogen auf das Gesamtsystem dargestellt.

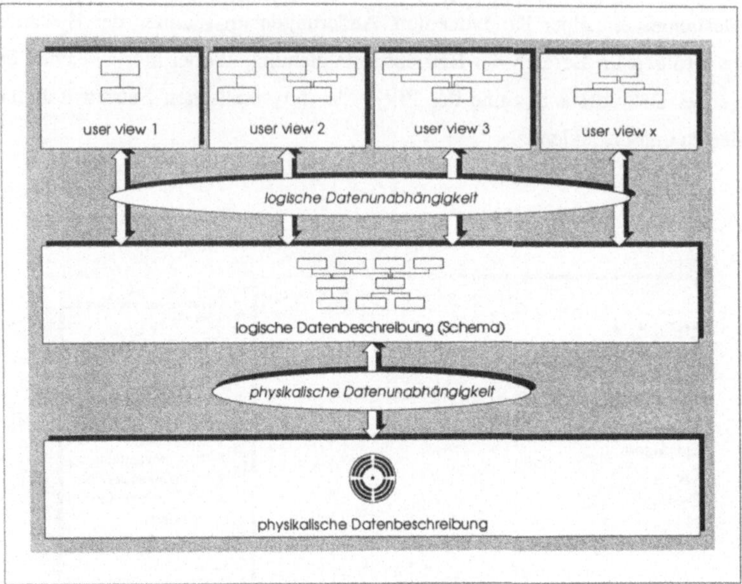


*Bild 4-13: Anwenderspezifische Auslegung des Verwaltungssystems*

## 4.4    Strukturen und Komponenten der Betriebsmittelverwendung

Im Bereich der Betriebsmittelverwendung gilt es zwei Teilbereiche zu unterscheiden. Der erste Bereich umfaßt die Steuerungsstrukturen auf Leit- und Zellenebene während der zweite die Bereitstellung und den Einsatz der Betriebsmittel beinhaltet.

### 4.4.1    Steuerstrukturen des Betriebsmittelwesens

Die beiden Bereiche Betriebsmittelorganisation mit Hauptanliegen Informations- und Datenfluß sowie Betriebsmittelverwendung mit hardwareorientierten Problemstellungen müssen, um ein effizient arbeitendes System darstellen zu können, miteinander verknüpft werden und einen gemeinsamen Datenaustausch pflegen. Um die jeweiligen Bereiche untereinander zu koordinieren gilt es, auf den einzelnen Ebenen des Betriebsmittelwesens die geeigneten Steuer- und Informationsstrukturen einzuführen (Bild 4-14). Hauptanliegen der Steuerstrukturen ist die Integration der sehr stark datenorientierten Bereiche mit den logistisch organisatorischen Bereichen. Jeder Bereich ist letztlich auf Daten des anderen angewiesen.

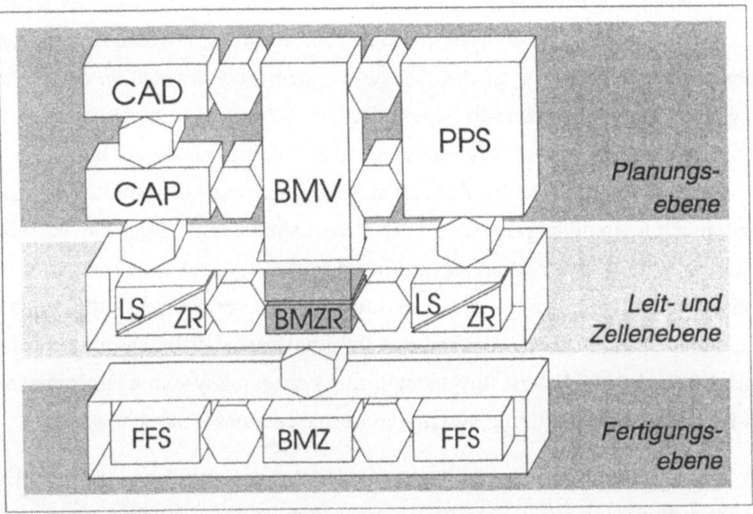


*Bild 4-14: Einbindung des Betriebsmittelwesens auf Leit- und Zellenrechner-
ebene*

Die Steuerstrategien und -elemente sollen für die unterschiedlichen Hierarchiestufen im folgenden detailliert dargestellt werden. Dabei wird von der Leitebene, in die das Betriebsmittelverwaltungssystem hineinreicht, ausgegangen und dann in die darunter liegende Zellenebene, auf der der Betriebsmittelzellenrechner angesiedelt ist, übergegangen.

## 4.4.1.1  Steuerfunktionen auf Leitebene

Die beschriebene relativ komplexe Struktur des Betriebsmittelwesens, die starken Verästelungen im Bereich des Vorfeldes, das hohe Datenaufkommen und vor allem die Tendenz im Fertigungsbereich, die Fertigungsentscheidung aus Gründen einer optimalen Fertigungsreihenfolge erst relativ kurz vor Auftragseinlastung zu fällen und damit eine optimierte Auslastung der Produktionsanlagen zu erreichen, fordert auch von seiten des Betriebsmittelwesens eine entsprechende Flexibilität.

Da das Fertigungsleitsystem in Belangen der Betriebsmittel durch die zentrale Betriebsmitteldatenbank entlastet werden soll, würde die Anbindung des Betriebsmittelzellenrechners an das Leitsystem dem zuwider laufen. Dem Fertigungsleitsystem wird deshalb eine adäquate Steuerungskomponente im Betriebsmittelbereich gegenübergestellt, die die Terminierung und Durchsetzung der Aufträge im Bereich der Betriebsmittelverwendung übernimmt. Die eigenständige Leitsystemkomponente in der Betriebsmittelverwaltung hat vor allem auch den Vorteil, daß bei unterschiedlichen Fertigungsstrukturen, wie zum Beispiel einer Fertigungsinsel, oder dem Einsatz mehrerer Betriebsmittelzellen im Unternehmen immer noch eine zentrale Informationsbereitstellung und Informationsweitergabe möglich ist. In Analogie zum Fertigungssystem übernimmt somit das Betriebsmittelverwaltungssystem die Aufgaben eines Leitsystems.

Der wichtigste Punkt hierbei ist die Terminabfolge der einzelnen Aufträge. Über die Endtermine und zusätzliche Prioritätsangaben ist das Verwaltungssystem imstande, die geeignete Reihenfolge zu erarbeiten. Die Optimierung nach der schonendsten Belastung der Ressourcen, die der Fertigungsleitrechner für die Auftragseinlastung im Fertigungssystem übernimmt, entspricht im Betriebsmittelbereich dem Brutto-Netto-Bedarf der einzelnen Rüstaufträge. Durch diesen Abgleich sollen nur die Betriebsmittel an die Fertigungsanlagen gebracht werden, die durch den vorangegangen Auftrag nicht abgedeckt werden. Dadurch sollen die Bestandsmengen möglichst niedrig gehalten werden. Unter dem Aspekt einer möglichst flexiblen Fertigungsstruktur, die die Einlastung der Aufträge auf die einzelnen Maschinen noch sehr kurz vor dem Fertigungsbeginn ermöglicht, liegt der einschränkende Faktor nicht im Verwaltungssystem, das auf die geänderte

Situation nicht schnell genug mit geänderten Montage- und Rüstanweisungen reagieren kann, sondern im Bereich der Mitarbeiter, die nicht, wie die anderen Komponenten der Zelle, permanent zur Verfügung stehen und mit ähnlichem Zeitverhalten "verplant" werden können. Aus diesem Grund wird bei der Bereitstellung der tatsächlich benötigte Satz an Werkzeugen und anderen Betriebsmitteln montiert. Beim Kommissionieren des Betriebsmittelsatzes werden dann an der Maschine verbliebene Betriebsmittel berücksichtigt und nicht mit kommissioniert. Sie bleiben für nachfolgende Aufträge in der Betriebsmittelzelle.

Die Tragweite dieser Terminentscheidung und -koordination wird vor allem dadurch deutlich, daß das Betriebsmittelwesen nicht auf einen Fertigungsbereich beschränkt organisiert ist, sondern daß von ihm alle produzierenden Bereiche eines Unternehmens mit Betriebsmitteln versorgt werden sollen. Das bedeutet, das Verwaltungssystem muß Anfragen und Aufträge aus mehreren Produktionssystemen koordinieren und aufeinander abstimmen. Diese, für die auf Fertigungsebene angeordnete Betriebsmittelzelle so wichtige Koordination ist sinnvollerweise von einem zentralen System, somit dem Betriebsmittelverwaltungssystem, zu übernehmen (Bild 4-15). Über direkte Verbindung stehen allerdings das Verwaltungssystem und die betreffenden Produktionsleitsysteme in einem permanenten Datenaustausch.

An den untergeordneten Zellenrechner werden vom Betriebsmittelverwaltungssystem aus die entsprechenden Aufträge, wie Vermessen, Rüsten, Kommissionieren, Ausschleusen o.ä. weitergegeben. Aufgrund der Termine und Prioritätsangaben kann der Zellenrechner, wie bereits erwähnt, innerhalb dieses Zeitrahmens die Einzelaufträge durchsetzten. Tritt bei einer Aktion eine Verzögerung auf, die den Gesamtauftrag gefährdet, erfolgt, sofern die Betriebsmittelzelle diese Störung nicht eigenständig beheben kann, eine Meldung an das Verwaltungssystem, das entsprechende Gegenmaßnahmen einleitet und, sofern erforderlich, eine Störungsmeldung an das betroffene Leitsystem unter Angabe der voraussichtlichen Störungsdauer absetzt. Als eigenständiges Reagieren kann hier der Einsatz eines bereits im Rüstbereich befindlichen Werkzeugs für einen anderen Auftrag angeführt werden. Das Ergreifen von weiteren Maßnahmen, wie zum Beispiel das Auslösen eines Montageauftrags in der manuellen Zelle, bleibt dem Verwaltungssystem vorbehalten. Da das Verwaltungssystem aktuellen Überblick über die Situation und den Zustand der Betriebsmittel hat, wäre es nicht sinnvoll diese Störungsbehebung im Zellenrechner anzusiedeln. Um die nötigen Informationen zu erhalten, müßte der Zellenrechner erst eine Datenbankabfrage starten bzw. um schneller reagieren zu können, müßten alle Lager- und Zustandsdaten redundant im Zellenrechner gehalten werden. In diesem Fall würde Aufwand und Nutzen in krassem Gegensatz zueinander stehen.

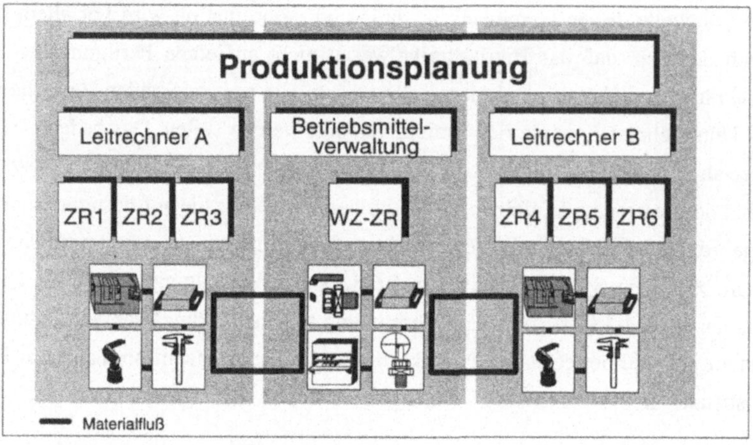


*Bild 4-15: Stellung des Betriebsmittelwesens im Fertigungsbereich*

Neben dem Zellenrechner muß das Verwaltungssystem vor allen Dingen auch den manuellen Bereich der Betriebsmittelzelle mit Informationen versorgen. Hier tritt massiv der Problemkreis der hybriden Arbeitszelle auf. Um die Abläufe planbar zu belassen, ist die Einlastung der einzelnen Montage- bzw. Demontage-aufträge in den manuellen Bereich der Betriebsmittelzelle erforderlich. Die Auf-tragseinlastung erfolgt hier nicht in Form eines Zellenrechners. Vielmehr wird im manuellen Bereich ein Terminal beigestellt, über das ein direkter Zugriff auf das Betriebsmittelverwaltungssystem möglich ist. Zum einen können somit alle be-nötigten Informationen, wie Stückliste, Lagerorte, Einrichteblatt u.ä. abgerufen werden, zum anderen kann ein Auftragsmonitor generiert werden, auf dem alle

Aufträge unter Angabe der Bereitstellungstermine aufgelistet werden. Der Begriff Auftragsmonitor steht hier synonym für die Liste der aktuell im Bereitstellungsbereich der Betriebsmittelzelle eingelasteten Aufträge. Letztlich muß in diesem Bereich zusammen mit den Mitarbeitern eine Vorgehensweise vereinbart werden, die die Bereitstellung zu den vorgegebenen Terminen gewährleistet. Motivation für den Mitarbeiter, die Aufträge aus dem Auftragsmonitor termingerecht fertigzustellen, muß sein, daß auch er im Rahmen des gegebenen Zeithorizontes eine Auftragsreihenfolge bilden kann, die sich in diesem Fall an der Optimierung der Abfolge der einzelnen Tätigkeiten und Handgriffe, die im Laufe eines Betriebsmittelzusammenbaus notwendig werden, orientieren wird. Durch diese Autonomie wird dem Mitarbeiter zugleich Entscheidungsfreiheit in bezug auf Setzen von Prioritäten eingeräumt, ihm aber auch die Verantwortung für sein Handeln übertragen. Dieser Punkt stellt zwar eine Besonderheit in einer teilautomatisierten Zelle dar, schränkt aber auf keinen Fall die Funktionalität oder die Zuverlässigkeit und Termintreue des Gesamtsystems Betriebsmittelwesen ein.

## 4.4.1.2 Konzept der Zellensteuerung

Die parallelen bzw. aufeinander aufbauenden Tätigkeiten im Bereich der hybriden Betriebsmittelzelle sowie die Anbindung an den FFS-Materialfluß erfordert eine Zellensteuerung, die die Koordination und Durchsetzung der einzelnen Aufträge und Aktionen übernimmt. Die strukturelle Analogie zu den anderen Produktionszellen im Fertigungssystem legt die Adaption des Fertigungszellenrechners nahe. Der Grundaufbau entspricht den Anforderungen der Betriebsmittelzelle. Einige wichtige Kriterien erfordern allerdings die Erweiterung bzw. Umstrukturierung der Zellenrechnersoftware [GROH 88; GLAS 93].

Beim Betriebsmittelzellenrechner wird auf eine der vier Phasen, nämlich auf die Vorbereitungsphase des Auftrages verzichtet. Die drei anderen Phasen werden aber im Vergleich zum allgemeinen Zellenrechner um einige Funktionen erweitert. Das beginnt in der Einlastphase, die hier die Aufgabe übernimmt aus einem Auftrag für einen Rüstsatz einzelne Aufträge für jedes Betriebsmittelindividuum zu generieren. Die Dispositionsphase behält grundsätzlich ihre Aufgabe, schleust jetzt allerdings mehrere Aufträge parallel in die Bearbeitungsphase ein. In der Bearbeitungsphase wird die Möglichkeit einer parallelen Abarbeitung mehrerer Aufträge in Zusammenwirken mit einer neu in den Zellenrechner integrierten Ressourcenverwaltung ermöglicht. Die grundsätzlichen Diagnosefunktionen und Ausweichstrategien sind im Betriebsmittelzellenrechner ebenso hinterlegt.

Der grundlegende Gedanke, die Mitarbeiter im Betriebsmittelbereich durch Automatisierung von Routinetätigkeiten zu entlasten, führt im Fall der Betriebsmittelzelle zu einer Mehrmaschinenzelle. Durch teilweise sehr unterschiedliche Inhalte der Aktionen ist eine Parallelisierung der Abläufe des Handhabungsgerätes und der Meßmaschine großteils möglich. Da die Handhabung, wie in allen anderen Zellen des Fertigungssystems, eine zentrale Rolle einnimmt, kommt dem Zellenrechner hier bei der Koordination der Aktionen in bezug auf die Ressource Handhabung eine entsprechend wichtige Rolle zu. Neben den beiden Grundkomponenten der Rüstzelle werden durch den Zellenrechner auch die Identifikationssysteme angesteuert.

Bedingt durch die Organisation des automatisierten Bereiches übernimmt der Zellenrechner Aufgaben in bezug auf das Fortschreiben der aktuellen Lagerbelegung in der Rüstzelle (Bild 4-16). Diese Unterteilung bei der Lagerverwaltung hat ihren Ausgangspunkt in der Tatsache, daß für das Verwaltungssystem und auch für alle anderen CA-Systeme die Information, daß sich ein Werkzeug im Bereich der automatisierten Betriebsmittelzelle befindet, ausreichend ist. Die Datenbank wird daher nicht mit den weitergehenden Informationen über den genauen Standort des Werkzeugs innerhalb der Zelle, ob es sich beispielsweise im Lager oder gerade in der Vermessung befindet, belastet. Diese Informationen sind ausschließlich für die Handhabungskomponente innerhalb der Rüstzelle von Bedeutung. Aus diesem Grund wird speziell in diesem Fall ein Teil der Daten dezentral im Zellenrechner gehalten. Die Lagerplatzverwaltung in der Betriebsmittelzelle erledigt der Zellenrechner mit einer eigenen Komponente, die auch für die Ansteuerung des Handhabungssystems zuständig ist.

Der Zellenrechner erhält vom übergeordneten Verwaltungssystem die jeweiligen Aufträge, die er eigenständig erledigt. Bei Fehlern, die während des Betriebs auftauchen, hat das System in bestimmten Grenzen die Möglichkeit zu reagieren. Fehler, die den Ablauf des Auftrages gefährden könnten, werden allerdings an das übergeordnete System zurückgemeldet, da im Zweifelsfall eine Umplanung der Auftragsreihenfolge durch das Fertigungssystem erforderlich werden kann.

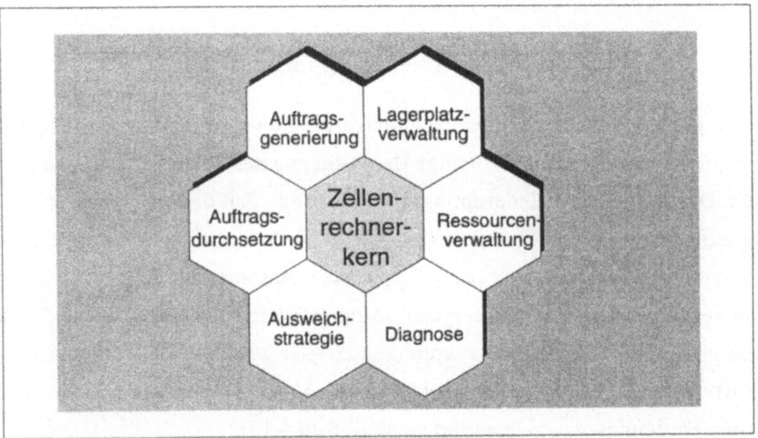


*Bild 4-16: Aufgaben des Betriebsmittelzellenrechners*

Innerhalb der Aufträge, die in den Zellenrechner eingelastet werden, wird durch die Zellenrechnersoftware die vom Ablauf her für die Zelle optimale Auftragsreihenfolge erzeugt. Die Aufträge sind in Form von parametrisierten Ablaufnetzen im Zellenrechner hinterlegt. Im Bereich der ersten Phase des Zellenrechners wird aus den Auftragsdaten das entsprechende Ablaufnetz generiert. Aufgrund der möglichen Parallelitäten und des damit verbundenen Koordinationsaufwands wird im Zellenrechner zum einen eine spezifische Ressourcenverwaltung integriert, die die Belegung der Zellenkomponenten regelt und zum anderen werden aus Gründen der Auftragsabwicklung und der Flexibilität die Netze so gestaltet, daß innerhalb eines komplexen Vorgangs quasi eine Unterbrechung möglich ist. Durch Reservierung und Freigabe der Geräte können Aufträge mit höheren Prioritäten andere Aufträge unterbrechen. Die Zellensteuerung genügt damit den Anforderungen an eine auftrags- und terminorientierte Einlaststrategie.

Die Platzoptimierung, die im Bereich der Handhabung Anwendung findet, ist im Zellenrechner auch für die Meßmaschine implementiert. Hier wird durch die lokale Maschinensteuerung (SPS) eine Reihenfolgeoptimierung in bezug auf eine Reduzierung der Umrüstvorgänge gefahren, sofern vom Zellenrechner nicht eindeutige Anweisungen über die Reihenfolge gemacht werden.

## 4.4.2   Integration in ein flexibles Fertigungssystem

In dem großen Bereich der Betriebsmittelverwendung spielen nun vor allem die Termintreue und die sachlich richtige Bereitstellung der Betriebsmittel eine große Rolle. Das Betriebsmittelkonzept wird so ausgelegt, daß diese Bereiche, die bislang aufgrund eines hohen manuellen Anteils an den einzelnen Tätigkeiten und einer von der Fertigungssteuerung losgelösten Ansteuerung schwer plan- und terminierbar waren, durch geeignete Automatisierungsmaßnahmen und auch durch geeignete Informationsstrukturen unterstützt werden. Auf Fertigungsebene soll der Bereich der Betriebsmittelverwendung als eigenständige Zelle in das flexible Fertigungssystem integriert werden (Bild 4-17).

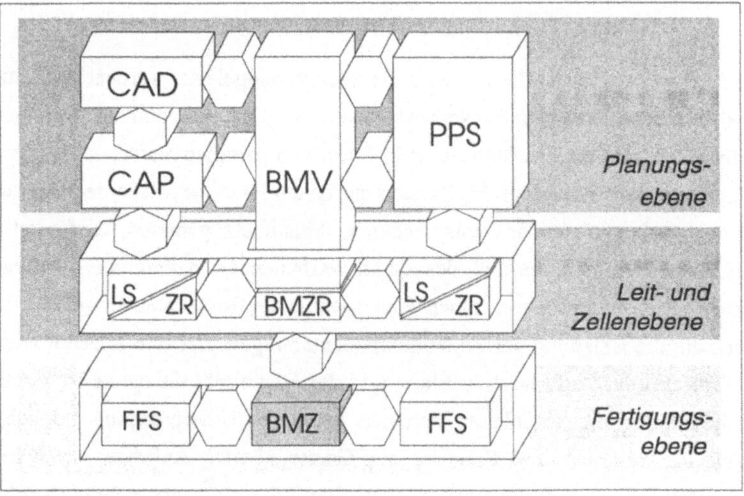


*Bild 4-17:  Einbindung des Betriebsmittelbereiches auf Fertigungsebene*

Unabhängig von den Integrationsbestrebungen gilt es, die Informationsstruktur und auch die organisatorischen Aspekte der Betriebsmittelverwendung zu betrachten. Klarer Ausgangspunkt sind hier die Bereiche Lager und Bereitstellung von Betriebsmitteln sowohl in organisatorischer als auch informationstechnischer Hinsicht, sowie die Informationsweitergabe in den Fertigungsbereich.

Im folgenden soll auf diese Problemstellungen konkret eingegangen werden. Nach der Lagersystematik wird das Thema der Identifikationssysteme behandelt und abschließend das Konzept einer in das flexible Fertigungssystem integrierten hybriden Betriebsmittelzelle vorgestellt.

### 4.4.2.1  Lager- und Bereitstellungssystematik

Gemäß den beschriebenen Problemen, die im Bereich der Terminierung auftreten, ist ein grundlegender Handlungsbedarf im Bereich Lager und Bereitstellung gegeben. Hier kommen allerdings mehrere Aspekte zum Tragen, die jeweils einen unterschiedlichen Ausgangspunkt haben, in der Gesamtheit jedoch zu einer effizienteren Lagerstruktur führen sollen und damit auch eine Erleichterung der Bereitstellung nach sich ziehen.

Wie auch immer das physikalische Lager aussieht, wichtig ist, daß der Mitarbeiter, der ein Betriebsmittel montieren soll, die benötigten Komponenten problemlos im Lager findet. Bei den Paternoster-Lägern, die bereits sehr häufig in den Unternehmen eingesetzt werden, wird diese Einlagertechnik heute schon angeboten. Für die Tätigkeit vor Ort wird dem Werker am Terminal mit den Auftragsdaten auch die entsprechende Lagerliste angezeigt, die die Lagerorte aller benötigten Komponenten oder der bereits montierten Werkzeuge beinhaltet.

Die einzelnen Lagerbewegungen werden über das System erfaßt und verwaltet. Wichtig bei dieser Lagerung ist, daß baugleiche Betriebsmittel, die mit individuellen Identnummern und Einsatzdaten versehen sind und auf den ersten Blick für den Mitarbeiter nicht zu unterscheiden sind, durch die Hilfestellung des Verwaltungssystems eindeutig ausgewählt und dem Lager entnommen werden können.

Mit der Problematik der Lagerung hängt die Bereitstellungsproblematik eng zusammen. Die Bereitstellung der Betriebsmittel erfolgt zum Großteil im Betriebsmittellager. Dennoch werden je nach Auftragssituation Betriebsmittel benötigt, die zur gleichen Zeit an anderen Maschinen im Einsatz oder aufgrund von Instandsetzungsmaßnahmen nicht im Lagerbereich verfügbar sind. Durch die Fortschreibung nicht nur des Lagerplatzes sondern auch des Lager- bzw. des Einsatzortes ist es kein Problem, fehlende Werkzeuge dem bereitgestellten Rüstsatz aus dem Fertigungsumfeld beizustellen und zuzuführen.

In diesem Zusammenhang ist auch speziell für den Werkzeugbereich der Begriff der Brutto-Netto-Abgleich bei der Auftragseinlastung in den Bereitstellungsbereich zu nennen. Die Ausgangsdaten hierfür kommen aus mehreren Bereichen. Neben den Arbeitsplandaten, Losgröße und Bearbeitungszeiten für die einzelnen Werkzeuge ist auch die momentane Werkzeugausrüstung der Maschine zum Betrachtungszeitpunkt erforderlich. Dieser Abgleich ermöglicht es, den Aufwand der Bereitstellung zu reduzieren, da die an der Maschine vorhandenen Werkzeuge in die Rüstbetrachtungen mit einbezogen werden. Außerdem kann damit auch die Ausnutzung der gesamten Reststandzeit der Werkzeuge vorangetrieben werden. Diese ganze Betrachtung der Reststandzeit und Einsatzorte rückt die Problematik der Betriebsmittelidentifikation weiter in den Vordergrund, die im nächsten Kapitel genauer betrachtet werden soll.

Zur Bereitstellung zählt aber auch die Kommissionierung der Betriebsmittel auf geeigneten Transportmedien sowie die tatsächliche Bereitstellung an den Fertigungseinrichtungen. Die Bereitstellung erfolgt über das fahrerlose Transportsystem des flexiblen Fertigungssystems. Das bedeutet, die Werkzeuge werden mittels spezieller Transportpaletten an die Bearbeitungsstation gebracht. Um bis zur Auftragseinlastung möglichst flexibel zu bleiben, ist der Einsatz von standardisierten Paletten, die an allen Fertigungszellen eingesetzt werden können, vom Prinzip her ein Muß. Benötigen einzelne Maschinen jedoch andere Bereitstellungsformen oder Mechanismen, so ist es wichtig, daß erst kurz vor Auftragsbeginn die Rüstsätze kommissioniert werden. Sollte aus unvorhergesehenen Gründen eine Umplanung des Auftragsspektrums innerhalb des Maschinenparks notwendig werden, können die Werkzeuge auch für die neue Bearbeitungsstelle sehr schnell und termingerecht bereitgestellt werden. Die Bereitstellung der Transportmedien erfolgt auftragsbezogen ebenfalls im Betriebsmittelbereich [MÜLL 91].

Diese Bereitstellung muß, da sie an die Informationen bzw. die Planungsergebnisse des Fertigungsleitsystems gebunden ist, durch ein rechnergestütztes System unterstützt werden. Im Rahmen des Verwaltungssystems wird ein Modul integriert, das neben dem reinen Montageauftrag auch die Kommissionierung des Rüstsatzes auslöst und gleichzeitig genaue Angaben über die Art des Transportmediums macht. Solange das Rüstlos im Betriebsmittelbereich nicht zusammengestellt werden kann, wird durch eine entsprechende Störungsmeldung des Verwaltungssystems an das Leitsystem die Auslösung des Auftrages verzögert. Mit diesen Ergebnisdaten kann dann das Fertigungsleitsystem kalkulieren und im Zweifelsfall das Produktionsprogramm umplanen. Durch diese enge Verzahnung dieser beiden Systeme ist eine Reduzierung organisatorisch bedingter Stillstände an den Maschinen möglich.

## 4.4.2.2  Identifikationssysteme

Ohne den Einsatz von Identifikationssystemen im Bereich von Betriebsmitteln und speziell von Werkzeugen ist ein automatisierter Betrieb des flexiblen Fertigungssystems nicht sinnvoll möglich. Eine Plausibilitätskontrolle der eingesetzten Betriebsmittel senkt die Gefahr von Störungen und den damit verbundenen Produktionsausfällen. Die Problematik des geeigneten Identifikationssystems wurde bereits in Kapitel 2 dargestellt. Um neben der Sicherstellung, das richtige Werkzeug eingewechselt zu haben, auch eine klare Zuordnung der Geometriedaten für die einzelnen Betriebsmittelindividuen zu haben, sind in diesem Betriebsmittelkonzept freiprogrammierbare Chips als Identsystem vorgesehen. Die Identifikation der einzelnen Betriebsmittel erfolgt zum Beispiel bei den Werkzeugen durch direkt im Werkzeugschaft eingelassene Identchips, bei den Paletten durch die in einen Palettenfuß eingebettete, von der Bauform her gleichen Identchip. Aufgabe ist nicht nur die Identnummer zu tragen, sondern auch spezifische Daten sowohl als redundantes System, als auch als eigenständiges System der objektnahen Datenhaltung. Welche Daten spezifisch gehalten werden, ist im Bild 4-18 schematisch dargestellt.

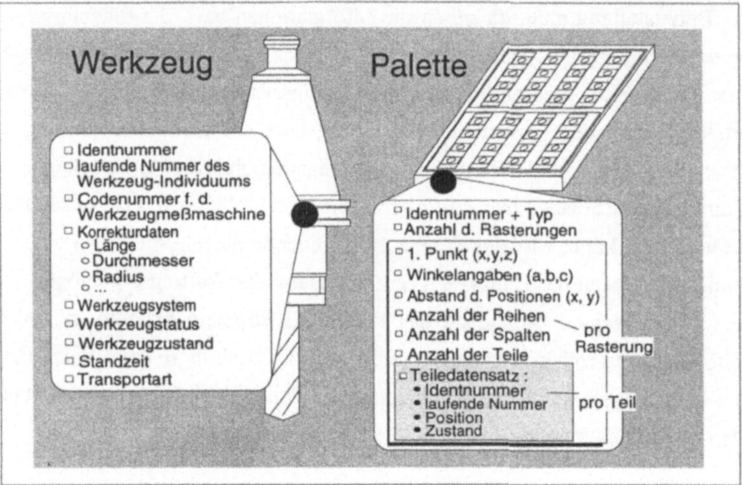



*Bild 4-18: Mögliche Dateninhalte eines Identchips*

Die objektnahe Datenhaltung ist von großem Interesse für den Ablauf des Fertigungsauftrages, zum Beispiel wenn über die direkte Kopplung zum Zellenrechner keine Informationen über die Korrekturdaten der Werkzeuge vorliegen. Vor allem ermöglichen diese Identchips temporär Daten, die für den globalen Betriebsmitteleinsatz nicht relevant, für einen bestimmten Teilbereich des Betriebsmittelkreislaufs aber notwendig sind, zu speichern und zur Verfügung zu stellen, ohne daß ein permanentes Aktualisieren der Datenbank erforderlich ist. Damit kann die erforderliche Abfragefrequenz auf dem Rechnernetz niedrig gehalten werden, sodaß andere Abfragen, die auf kurze Antwortzeiten angewiesen sind, nicht unnötig blockiert werden. Dies gilt vor allen Dingen für die Kommunikation zwischen Leitsystem und Zellenrechner. Die dabei entstehende Datenredundanz wiegt die Vorteile einer schnellen Informationsweitergabe auf. Identifikationssysteme können aber nur als eine Ergänzung zu Datenbankanwendungen gesehen werden [NEDE 93; ZIPP 92]. Die Vor- und Nachteile verschiedener Kombinationen sind in Bild 4-19 dargestellt.

| | Kosten | Verfügbarkeit der Informationen | flexible Verwendbarkeit | Übertragbare Datenmenge | Eindeutige Zuordnung der Daten | Pflegeaufwand der Daten |
|---|---|---|---|---|---|---|
| Barcode | gering | mittel | keine | mittel | gut | gering |
| festprogrammierter Identchip | mittel | mittel | keine | gering | bedingt | mittel |
| freiprogrammier- barer Identchip | mittel | mittel | hoch | groß | gut | mittel |
| Datenbank | hoch | hoch | sehr hoch | sehr groß | bedingt | hoch |
| Datenbank & Identchip | hoch | hoch | sehr hoch | sehr groß | gut | hoch |

*Bild 4-19: Einsatz von Identsystemen im Datenverbund eines FFS*

Die Identifikation ist vor allen Dingen unter dem Aspekt der Effizienz des Werkzeugeinsatzes zu betrachten. Die Identifikation kann sinnvoll allerdings nur für Komplettwerkzeuge eingesetzt werden. Die Standzeitinformationen gehen zwar bei der Demontage der Werkzeuge verloren, dieser Verlust rechtfertigt aber in keiner Weise den Versuch alle Schneidkomponenten einzeln zu identifizieren. Dem stehen neben den unglaublich hohen Kosten auch bauliche Probleme gegenüber, da zum Beispiel eine Wendeschneidplatte nicht mit einem Identchip ausgerüstet werden kann.

### 4.4.2.3   Konzeption einer hybriden Betriebsmittelzelle

Die Problematik des Bereitstellungsbereiches liegt, wie in Kapitel 2 erwähnt, in dem hohen Anteil manueller Tätigkeiten. Durch die Standardisierungsbestrebungen sowie den Einsatz des ohnehin notwendigen Identchips besteht nun die Möglichkeit Routinetätigkeiten durch den Einsatz von Handhabungsgeräten zu automatisieren. Hier muß nun aber klar zwischen den Tätigkeiten, die durch Automatisierungseinheiten übernommen werden können und denen, die weiterhin aus diversen Gründen an den Einsatz von Personal gebunden sein werden, unterschieden werden (Bild 4-20).

Die Bereitstellung der einzelnen Komponenten für die Montage, die Montage selbst sowie Demontage, als auch die Bewertung der Betriebsmittel nach dem Einsatz sind Tätigkeiten, die das Fachwissen des Mitarbeiters erfordern. Eine Automatisierung wäre nur in Teilbereichen möglich und dann nur unter ganz spezifischen Voraussetzungen und entsprechenden Einschränkungen im Bereich der Betriebsmittelvielfalt. Wesentlich sinnvoller ist es, sich auf immer wiederkehrende Routinearbeiten zu stützen. Wichtig für die Termintreue ist die Bereitstellung der Betriebsmittel mit entsprechendem Vorlauf zum Fertigungstermin. Unter dem Aspekt einer hohen Maschinenauslastung und damit einer dritten, in der Regel mannarmen Schicht, bietet die Kommissionierung des Rüstsatzes und auch das Rüsten der Paletten selbst einen guten Ansatzpunkt zur Automatisierung. Durch das Loslösen dieser Tätigkeiten vom Arbeitstakt des Menschen wird eine wesentlich höhere Flexibilität im Betriebsmittelbereich erzielt, als sie bis jetzt vorherrscht. Neben diesen Tätigkeiten ist die Vermessung von Werkzeugen ebenfalls als Routinetätigkeit zu bezeichnen. Durch den Einsatz entsprechender Meßgeräte ist die automatisierte Vermessung von Werkzeugen möglich. Wie diese Meßmaschine im Detail beschaffen und datentechnisch ausgerüstet sein muß, wird in Kapitel 6 genau ausgeführt werden [ZIPP 91].

Da die einzelnen Aktionen, ob manuell oder automatisiert, nicht losgelöst voneinander ausgeführt werden können, ergibt sich die ideale Struktur einer Betriebsmittelzelle von selbst. Die entstehende hybride Zelle wird aus zwei räumlich nebeneinander liegenden Teilbereichen bestehen. Die Verzahnung der beiden

Bereiche erfolgt aus wirtschaftlichen Gründen bei der Voreinstellung bzw. der Vermessung von Werkzeugen. Die Werkzeugmeßmaschine, die automatisiert Werkzeuge vermessen kann, kann auch manuell betrieben werden und so zur Voreinstellung von Werkzeugen eingesetzt werden. Diese Maschine bildet somit auch eine physikalische Schnittstelle zwischen dem manuellen und dem automatisierten Zellenbereich.

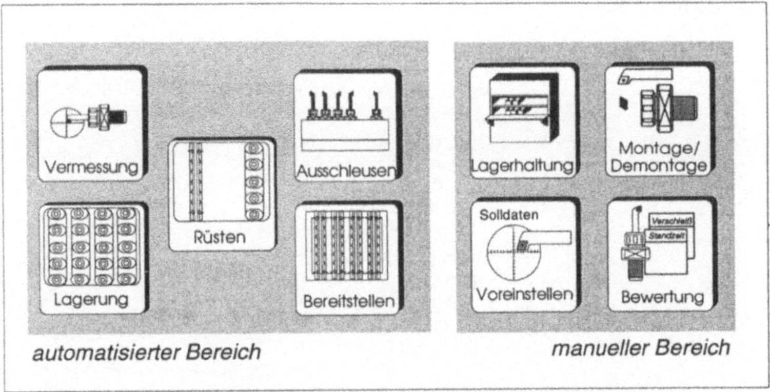


*Bild 4-20: Struktur der hybriden Betriebsmittelzelle*

## 4.5 Zusammenfassung

Durch die beschriebenen Maßnahmen ist es möglich, aufbauend auf einer zentralen Informationskomponente, die mit den notwendigen Schnittstellen zu anderen Systemen und vor allem mit entsprechender Logik ausgerüstet ist, ein Betriebsmittelwesen zu konzipieren, das als ganzheitlicher Bereich die Problematik der Betriebsmittel im gesamten Unternehmen behandelt. Durch die Umwandlung bisher manueller Bereiche in eine teilautomatisierte, hybride Zelle und die damit verbundene Integrationsmöglichkeit in ein bestehendes flexibles Fertigungssystem, kann ein Betriebsmittelkonzept realisiert werden, das sich über das Fertigungsvorfeld und damit über die Planungs- und Dispositionsebenen bis in die

Fertigung selbst erstreckt. Durch die Steuerstrukturen, die dem Konzept zugrunde liegen und dessen Kernstück ein übergreifendes Verwaltungssystem darstellt, kann die Kommunikation und der Informationsfluß zwischen den beiden Ebenen realisiert werden. Das Betriebsmittelwesen stellt einen eigenständigen Bereich dar, der sich über alle Ebenen der Informationsverarbeitung und in gleicher Weise über alle Hierarchieebenen der technischen Auftragsabwicklung erstreckt. Im Bereich der Fertigung stellt es eine parallele, zu den Fertigungssystemen analoge Struktur dar.

# 5 Realisierung des Verwaltungssystems im Bereich Betriebsmittelorganisation

Das integrierte Betriebsmittelwesen stellt ein äußerst komplexes und vielschichtiges System dar. Um die einzelnen Bereiche in ihrer realisierten Form besser erläutern zu können, bietet sich auch hier wieder eine getrennte Betrachtung der Bereiche Betriebsmittelorganisation und Betriebsmittelverwendung an.

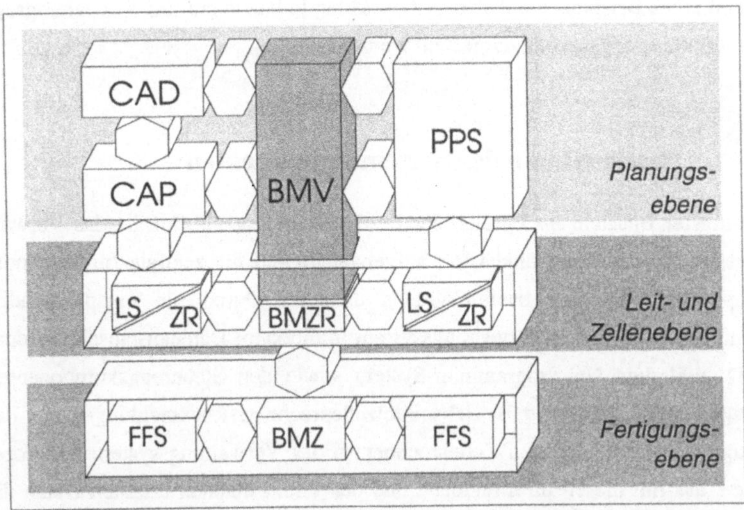


*Bild 5-1: Einbindung des Betriebsmittelwesens im Bereich der Planungsebene*

In Kapitel 5 soll der informationstechnische Schwerpunkt im Bereich der Betriebsmittelorganisation behandelt werden. Es bietet sich an, hier alle Belange des Betriebsmittelwesens, die in dispositiven und administrativen Bereichen anfallen, sowie die Kommunikationskomponenten zu den anderen CA-Bereichen in einem Komplex zu behandeln (Bild 5-1). In chronologischer Reihenfolge soll dann in Kapitel 6 auf die Belange der Betriebsmittelverwendung und somit auf steuerungsbedingte sowie hardwareorientierte Aufgaben eingegangen werden.

Im folgenden werden die Komponenten des Betriebsmittelwesens, die im Bereich der Datenhaltung und der Informationsweitergabe von Bedeutung sind, beschrieben. Das Hauptaugenmerk liegt hierbei auf der Beschreibung des Verwaltungssystems, das das Kernstück der Betriebsmittelorganisation darstellt. Neben der Beschreibung der Struktur sollen auch die Überlegungen bezüglich der eingesetzten Datenbank, der notwendigen Systembausteine, sowie der erforderlichen Schnittstellen vom Verwaltungssystem bzw. der Datenbank zu anderen, im Rahmen der Arbeitsvorbereitung eingesetzten Systemen dargestellt werden. Abschließend soll anhand eines Beispiels die Auftragsabwicklung in bezug auf das Verwaltungssystem im Fertigungsvorfeld dargestellt werden.

## 5.1  Beschreibung der Systemkomponenten

Wichtigster Baustein im Bereich der Betriebsmittelorganisation ist das Verwaltungssystem, das datenbankbasiert aufgebaut ist und die zentrale Informationskomponente des Betriebsmittelwesens darstellt. Durch die entsprechenden Schnittstellen steht das Verwaltungssystem in direktem Datenaustausch mit dem CAD- und dem NC-Programmier-System sowie den Steuerungskomponenten Fertigungsleitrechner und Betriebsmittelzellenrechner. Rückmeldungen aus der Fertigung werden über den Zellenrechner an das Verwaltungssystem zurückgegeben, das mit diesen Informationen und den direkt manuell erfaßten Daten die Datenbank aktualisiert.

Die Rechnerumgebung, in die das System eingebettet werden soll, entspricht der anderer CA-Systeme, wie zum Beispiel CAD-System oder Fertigungsleitsystem. Das Verwaltungssystem wird in die gleiche Betriebssystemumgebung eingebunden. Als Datenbank wurde das System INGRES mit der Benutzeroberfläche Windows4GL ausgewählt, das auch dem Fertigungsleitsystem zugrunde liegt und auf das auch von anderen Komponenten im Rahmen der technischen Auftragsabwicklung über standardisierte Schnittstellen und Anwenderprogramme zugegriffen werden kann (Bild 5-2).

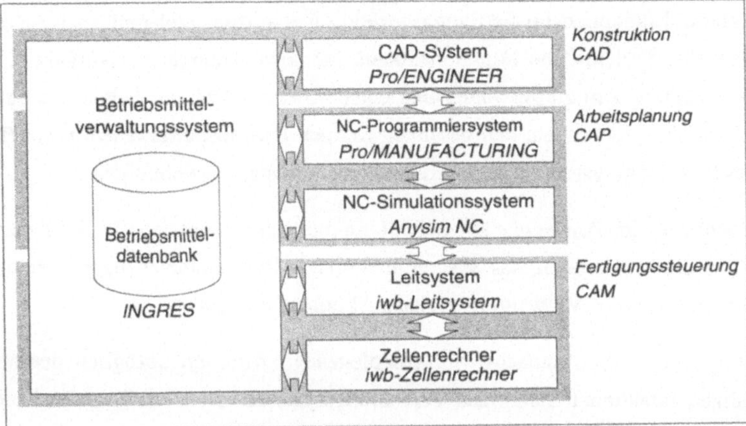


*Bild 5-2: Stellung der Betriebsmitteldatenbank im CA-Bereich*

Um die einzelnen Funktionalitäten und vor allem die Tätigkeiten und Aktionen zwischen den Systemen im Rahmen der technischen Auftragsabwicklung beschreiben und erläutern zu können, werden die einzelnen Bereiche später noch einzeln aufgegriffen und dargestellt.

## 5.2 Aufbau des Verwaltungssystems

Das Verwaltungssystem stellt die zentrale Informationskomponente des Betriebsmittelwesens dar. Hier werden alle relevanten Daten und Informationen erfaßt, aufbereitet und anderen Anwendungen zur Verfügung gestellt. Durch das System soll eine unternehmensweite Informationsbereitstellung ermöglicht werden. Eine Insellösung, die nur bestimmte Bereiche des Betriebsmittelwesens widerspiegelt und damit auch nur einige Bereiche des Unternehmens im Rahmen der technischen Auftragsabwicklung unterstützt, ist nicht sinnvoll. Als Beispiel seien hier käufliche Verwaltungssysteme genannt, die zum Beispiel nur die Lagerverwaltung, also die fertigungsorientierten Tätigkeiten unterstützen, oder Systeme, die speziell auf den Einsatz ergänzend zu einem NC-Programmiersystem oder zur Arbeitsplanerstellung konzipiert sind und damit rein datentechnischorientierte Tätigkeiten im Fertigungsvorfeld unterstützen. Ziel muß es sein, innerhalb des Systems alle Funktionalitäten, die sowohl durch die Aufgabe, das Betriebsmittelwesen zu verwalten und entsprechende Daten zu halten, als auch durch die Anforderungen, den gesamten Bereich Betriebsmittelwesen in ein flexibles Fertigungssystem zu integrieren, in einem System zu vereinigen.

Das bedeutet eine Auslegung sowohl auf ein interaktives Arbeiten des Bedieners, als auch die Möglichkeit, das System über andere Programme anzusprechen und damit innerhalb des Verwaltungssystems Aktionen anzustoßen.

Im folgenden sollen zunächst die grundlegenden Kriterien bezüglich der notwendigen Funktionalitäten eines Verwaltungssystems sowie der Datenbank und damit dem eigentlichen Kern des Systems erläutert werden.

## 5.2.1    Funktionalitäten eines Verwaltungssystems

Bei den Funktionen, die das Verwaltungssystem aufweisen soll, muß wie im vorangegangenen Kapitel erwähnt, zwischen zwei grundlegenden Bereichen unterschieden werden. Der erste und größte Bereich umfaßt alle Aufgaben und Funktionen, die für die Verwaltung und den Betrieb des gesamten Betriebsmittelwesens erforderlich sind, wie zum Beispiel das Erfassen der Daten einzelner Betriebsmittelkomponenten oder das Definieren von Betriebsmittelzusammenbauten. Der zweite Bereich, der gesondert betrachtet werden soll, erstreckt sich auf die Integration des Betriebsmittelwesens in das flexible Fertigungssystem und betrifft dabei die Funktionen eines Leitsystems. Dieser Bereich wird in Kapitel 6 eingehend behandelt.

Das Verwaltungssystem als solches muß den grundlegenden Anforderungen Datenerfassung, Datenpflege und Datenhaltung genügen. Jedes Betriebsmittel muß im System komplett beschrieben sein. Da das Verwaltungssystem die Stellung eines zentralen Informationssystems einnimmt, ist es sinnvoll, die Erfassung aller Daten und Merkmale durch das Verwaltungssystem zu fordern. Die zentrale Erfassung ist vor allem für die konsistente Haltung der Daten von Bedeutung, da auf diese Weise Pflege und Aktualisierung weitgehend vereinfacht realisiert werden können.

Die Fülle der Daten, die im Laufe einer Auftragsabwicklung von den Betriebsmitteln benötigt und erhoben werden, läßt sich für die verschiedenen Arten von Betriebsmitteln sehr gut darstellen. In Bild 5-3 sind für Werkzeuge die verschiedenen Unternehmensfunktionen und deren Informationsbedarf dargestellt. Aus dieser Auflistung geht auch deutlich hervor, daß sich der Informationsbedarf von der Planung bis in die Fertigung erstreckt.

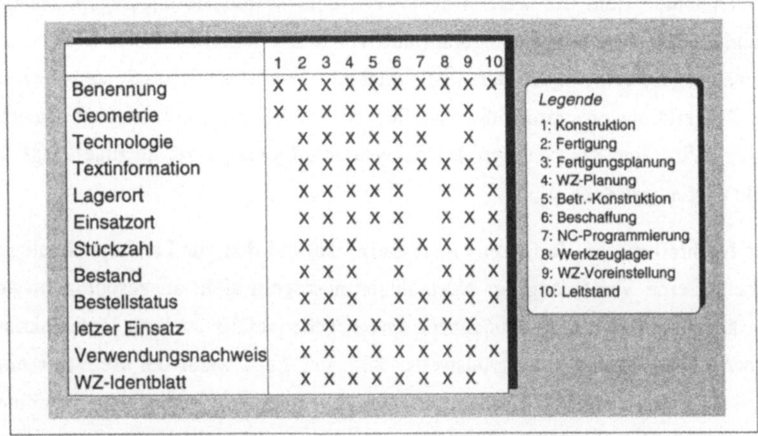

|  | 1 | 2 | 3 | 4 | 5 | 6 | 7 | 8 | 9 | 10 |
|---|---|---|---|---|---|---|---|---|---|---|
| Benennung | X | X | X | X | X | X | X | X | X | X |
| Geometrie | X | X | X | X | X | X | X | X | X |  |
| Technologie |  | X | X | X | X | X | X |  | X |  |
| Textinformation |  | X | X | X | X | X | X | X | X | X |
| Lagerort |  | X | X | X | X | X |  | X | X | X |
| Einsatzort |  | X | X | X | X | X |  | X | X | X |
| Stückzahl |  | X | X | X |  | X | X | X | X | X |
| Bestand |  | X | X | X |  | X |  | X | X | X |
| Bestellstatus |  | X | X | X |  | X | X | X | X | X |
| letzer Einsatz |  | X | X | X | X | X | X | X | X |  |
| Verwendungsnachweis |  | X | X | X | X | X | X | X | X | X |
| WZ-Identblatt |  | X | X | X | X | X | X | X | X |  |



*Bild 5-3: Informationsbedarf möglicher Anwendergruppen des Verwaltungssystems*

## 5.2.2 Einsatz des relationalen Datenbanksystems

In diesem Teilkapitel soll kurz die grundlegende Vorgehensweise beim Einrichten einer Datenbank, der Einteilung der Tabellen sowie der Strukturierung der Datenbank dargelegt werden.

Aus Gründen der Flexibilität soll es dem Datenbankbenutzer überlassen bleiben, die Betriebsmittelklassifikation und die den einzelnen Betriebsmittelgruppen zugeordneten beschreibenden Merkmale festzulegen. Neben diesen im voraus nicht feststehenden Daten existiert eine Reihe für den Betrieb des Systems unabdingbarer und deshalb vom Benutzer nicht beeinflußbarer Daten. Daraus resultiert das Problem, daß ein Großteil der Datenbankstrukturen erst zur Laufzeit des Systems angelegt werden kann. Die Datenbank des Betriebsmittelverwaltungssystems entsteht daher auf folgende Weise.

Der eigentliche Datenbankentwurf berücksichtigt lediglich die im voraus feststehenden Datenarten. Sie werden analysiert, den Normalisierungsregeln entsprechend zu Tabellen zusammengefaßt und vor Inbetriebnahme des Betriebsmittelverwaltungssystems in der Datenbank angelegt. Zur Laufzeit des Systems erzeugt das Anwendungsprogramm die Tabellen zur Aufnahme der benutzerdefinierten Daten. Wird eine Klasse durch den Anwender aufgelöst, wird die zugehörige Tabelle wieder gelöscht.

Der Nachteil dieses Verfahrens liegt darin, daß bei den zur Laufzeit angelegten Tabellen eine Verletzung der Normalisierungsregeln nicht ausgeschlossen werden kann, was zu Datenredundanzen und gegebenenfalls auch zu Dateninkonsistenzen führt. Dies ist beispielsweise dann der Fall, wenn der Benutzer einer Werkzeugklasse zwei funktional abhängige Attribute, wie Radius und Durchmesser zuweist. Der Gewinn an Flexibilität für das Betriebsmittelverwaltungssystem rechtfertigt jedoch die Inkaufnahme dieses Nachteils.

Vor Inbetriebnahme entstehen im Zuge des Designprozesses Datenbanktabellen, die während der gesamten Lebensdauer des Systems bestehen bleiben ("statische Tabellen"). Zur Laufzeit des Systems werden Tabellen dynamisch erzeugt und u. U. wieder gelöscht ("dynamische Tabellen"). Die Verwaltung der dynamischen Tabellen macht Hilfstabellen erforderlich, die im Rahmen der Anwendungsprogrammierung (statisch) erstellt werden. Ergebnis des Datenbankdesigns ist das in Bild 5-4 dargestellte Strukturdiagramm, wobei die einzelnen Elemente folgende Bedeutung haben:

Jede Tabelle wird als ein mit dem Tabellennamen beschriftetes Rechteck dargestellt. Tabellen deren Primär- und Fremdschlüssel übereinstimmen, werden durch einen Pfeil verbunden, der eine 1:n-Beziehung darstellt. Handelt es sich um eine 1:n-kann-Beziehung, wird der Pfeil zusätzlich mit einer Null (O) versehen.

Die Identnummer dient als Schlüsselattribut für einen Großteil der gespeicherten Daten. Es ist nicht sinnvoll, alle unter der Identnummer verwalteten Daten in einer einzigen Tabelle zusammenzufassen. Es wird daher eine Reihe von Hilfstabellen gebildet, die der Tabelle "Artikel", die grundlegende Daten wie Benennung, Kassifizierung u.ä. enthält, untergeordnet sind und eine Ergänzung ihrer Merkmalsmenge darstellen. Dies gilt in erster Linie für die dynamisch erzeugten Tabellen. Im Bild ist diese Beziehung durch eine gestrichelte Linie ausgedrückt. Die dynamisch zu erzeugenden Tabellen sind durch die Tabellen Komponente und Komplettwerkzeugtyp angedeutet.

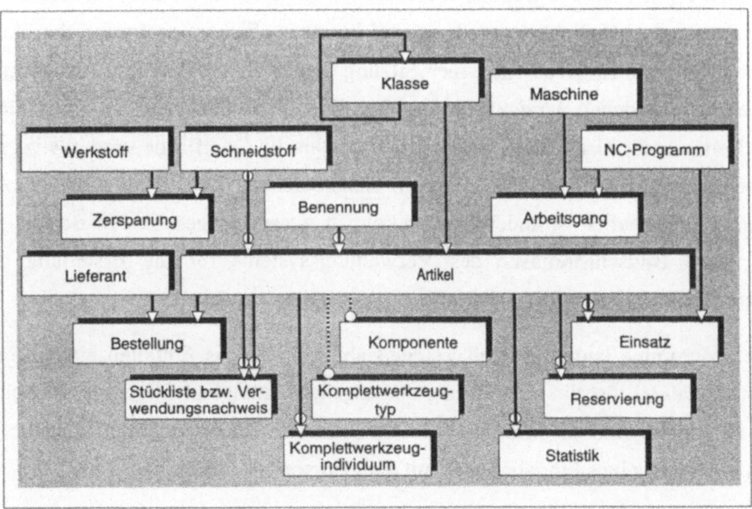


*Bild 5-4: Strukturdiagramm der Betriebsmitteldatenbank (Beispiel Werkzeuge)*

## 5.2.3   Aufbau der Datentabellen und Applikationsprogramme

Grundlegender Bestandteil des Verwaltungssystems sind die Datenbanktabellen sowie die Anwendungsprogramme, die darauf zugreifen und damit die Nutzung der Daten primär unterstützen. Wie bereits erwähnt, werden die Tabellen in statisch und dynamisch unterteilt. Die Erzeugung von Tabellen zur Laufzeit des Anwendungsprogramms ist mit Hilfe sogenannter dynamischer SQL-Anweisungen möglich [N.N. 90c, PETK 92]

Die Anwendungsprogramme, die die Funktionalitäten des Systems repräsentieren, sind in die Systemkonfiguration über die spezifische Benutzeroberfläche Windows4GL eingebettet. Dem Benutzer stellt sich ein Windows4GL-Programm als eine Reihe von Bildschirmfenstern (*windows*) dar, in denen Informationen ausgegeben und Benutzereingaben entgegengenommen werden. Typische Fenster-Elemente sind *buttons*, die mit der Maus angeklickt werden, um eine bestimmte Aktion des Programms auszulösen, *pull-down menus* zur Auswahl unter verschiedenen Möglichkeiten oder *scroll bars* zum Sichten umfangreicher Ausgabeinformationen. Während einer Sitzung wechselt der Benutzer häufig zwischen verschiedenen *windows* hin und her. Die Gesamtheit aller *windows* bildet die Benutzeroberfläche des Systems. Die graphische Oberfläche wird aus vorgegebenen Elementen, wie Menüleisten, Eingabefelder u.ä., die in ihren graphischen Eigenschaften verändert werden können, zusammengesetzt. Als Beispiel ist hier eine Bildschirmmaske des Verwaltungssystems für die Erstellung des Einrichteblatts dargestellt (Bild 5-5).

Die Programme laufen ereignisgesteuert ab, d.h. erst das Eintreten eines Ereignisses *(events)* löst die Ausführung der zugehörigen Befehlsfolge aus. Beispiele für Ereignisse sind ein Mausklick des Benutzers in einem bestimmten Feld oder das Verlassen eines Eingabefeldes mit dem Cursor.

Funktionen, die sich mit dem Befehlsumfang von Windows4GL nicht realisieren lassen, können in einer der herkömmlichen Sprachen, in diesem Fall wird die Sprache C eingesetzt, programmiert und aus einem 4GL-*script* heraus aufgerufen werden (sog. *host language procedures [N.N. 90b]*).

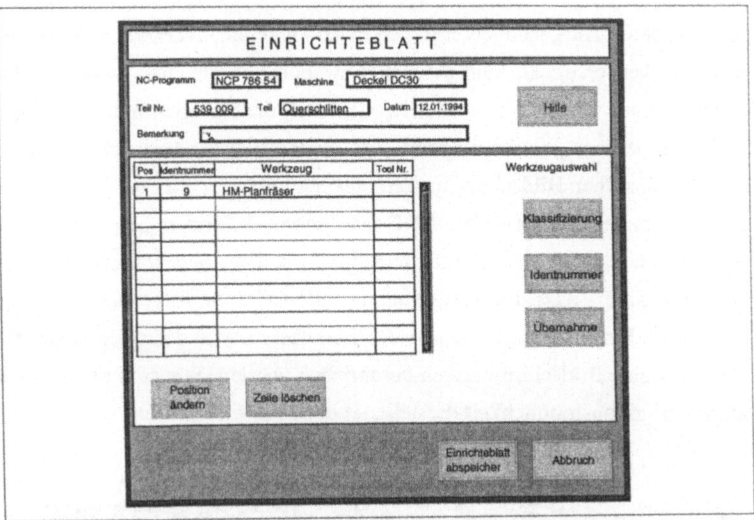


*Bild 5-5: Beispiel der Benutzeroberfläche des Verwaltungssystems*

## 5.3 Einsatz und Bedienung des Verwaltungssystems

Durch die Struktur des Datenbanksystems wird es möglich, daß der Bediener mit dem System arbeiten kann, ohne daß er dabei die spezifische Struktur und spezifische Datenbankbefehle kennen muß. Durch die Implementierung von entsprechenden Anwendermodulen in der Bedienerebene, die die Befehle des Anwenders in die entsprechenden datenbankspezifischen Anweisungen und Algorithmen umsetzen, kann diese Benutzerführung realisiert werden. Neben den rein formalen Aspekten der leichten Handhabbarkeit des Systems spielt auch die Motivation und damit die Akzeptanz des Systems durch die Mitarbeiter eine entscheidende Rolle bei der Einführung und dem erfolgreichen Einsatz eines derartigen Softwareproduktes. Da dieses Datenbanksystem eine Integrationsfunktion im Unternehmen einnehmen soll und sich damit der Kreis der Anwender nicht nur auf Mitarbeiter im Bereich des Fertigungsvorfeldes, wo bereits heute der Einsatz von DV-Systeme weit verbreitet ist, sondern auch auf Mitarbeiter im Bereich der

Produktion, deren Aufgabengebiet in der Regel keine datenverarbeitenden Tätigkeiten beinhaltet, erstreckt, muß es allen Anwendern in gleicher Weise möglich sein, mit diesem System zu arbeiten. Das bedeutet, das Arbeiten mit dem System muß benutzergerecht gestaltet werden. Das beginnt bei der übersichtlichen Gestaltung der einzelnen Bildschirmmasken und erstreckt sich auf die Unterstützung des Anwenders beispielsweise bei der Erfassung von Informationen, dem Anbieten von verschiedenen Auswahlmöglichkeiten, diversen Suchroutinen u.ä.. Exemplarisch für die Vielzahl der Anwendungsfälle sollen im folgenden an einigen Beispielen die Eingriffsmöglichkeiten des Benutzers sowie der spezifische Aufbau der einzelnen Bildschirmmasken beschrieben werden. Wie sich dem Anwender diese Definitionsmöglichkeit darstellt, ist in Bild 5-6 dargestellt.

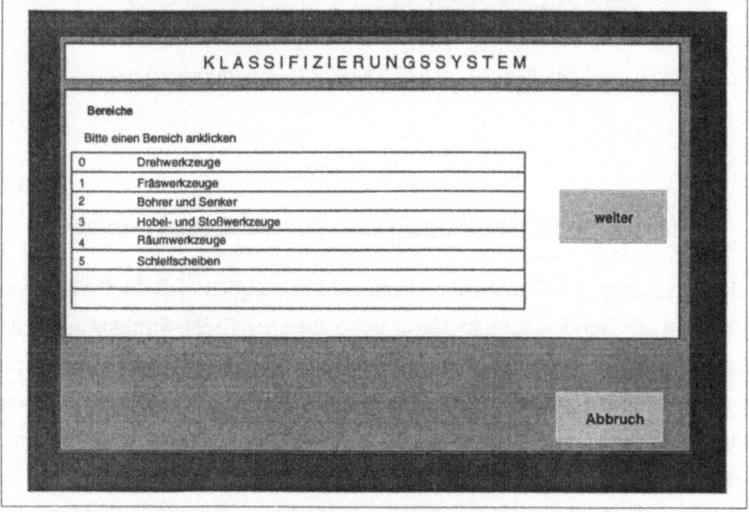


*Bild 5-6: Bildschirmmaske: Definition des Klassifizierungssystems*

Entsprechend der ausgewählten Klassifizierungssystematik wird dem Benutzter das bislang definierte Klassifizierungssystem dargestellt. Er kann an jeder Position der ersten drei Ebenen eine neue Ebene definieren. Voraussetzung dafür ist, daß die entsprechend übergeordnete Ebene bereits existiert. Soll eine Ebene gelöscht werden, wird durch eine Plausibilitätskontrolle sicher gestellt, daß keine untergeordneten Gruppen vorhanden sind. Bei der Erstellung der Gruppen wird ebenfalls eine bereits erfolgte Zuordnung zu anderen Ebenen geprüft. Das System läßt eine Mehrfachklassifikation nicht zu.

Nach der Definition des Klassifizierungssystems kann für die einzelnen Gruppen die spezifische Sachmerkmalleiste definiert werden. Für die einzelnen Gruppen ist im System verankert, daß sie die Merkmale der übergeordneten Gruppe erhalten. Zusätzlich können aber hierzu weitere spezifische Merkmale in die Sachmerkmalleiste aufgenommen werden (Bild 5-7).

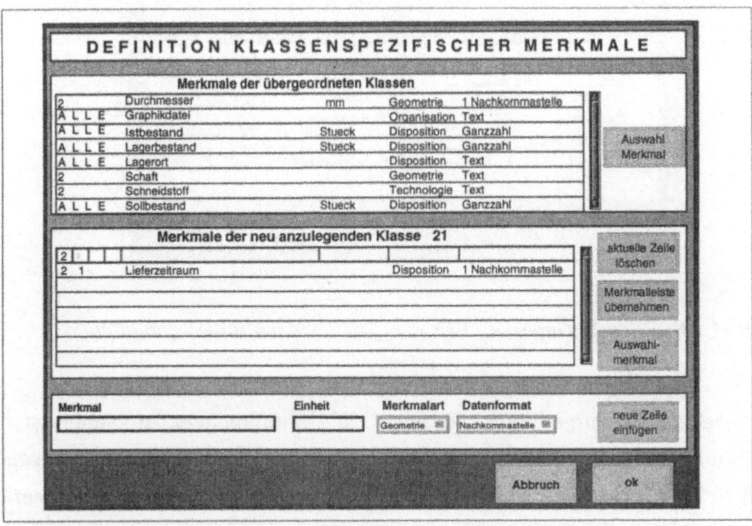


*Bild 5-7: Bildschirmmaske: Definition der Sachmerkmale*

Bei der Erfassung der Betriebsmitteldaten wird für jede Gruppe entsprechend den definierten Sachmerkmalleisten eine spezifische Maske angeboten. Grundsätzlich enthält sie aber die Bereiche Geometrie und Technologie sowie Disposition und Organisation (Bild 5-8). Während in den ersten drei genannten Bereichen die für dieses Werkzeug spezifischen Daten erfaßt werden, wird unter der Kategorie

"Organisation" der Verweis auf die Zeichnungsdatei abgelegt. Bei Bedarf kann sich der Benutzer zu jedem definierten Betriebsmittel eine entsprechende Graphik auf den Bildschirm holen.

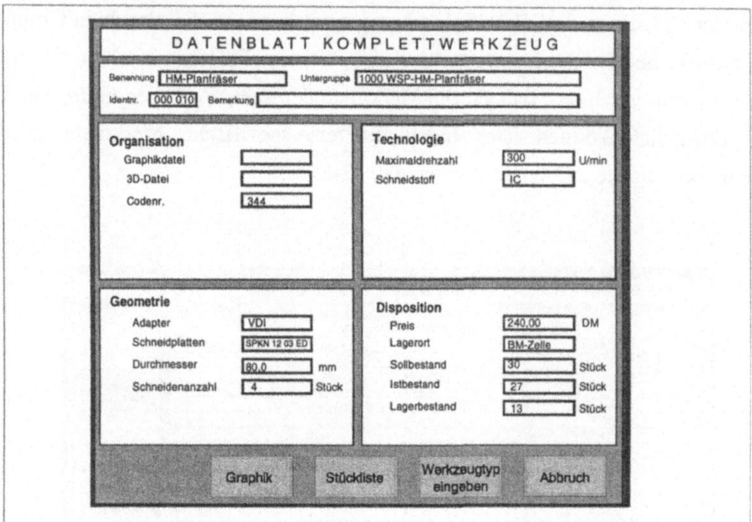


*Bild 5-8: Bildschirmmaske:  Erfassung der Betriebsmittelkenndaten*

Ein weiterer wichtiger Punkt ist auch die Definition und Auswahl von Betriebsmittelzusammenbauten. Eine Überprüfung der Fügbarkeit der Komponenten läßt sich nur dann mit vertretbarem Aufwand realisieren, wenn dem System die Reihenfolge, in der die Teile aneinander gefügt werden sollen, bekannt ist. Andernfalls ergibt sich eine unübersehbare Anzahl zu überprüfender Kombinationen. Die Anordnung kann implizit durch die Reihenfolge der Komponenten in der Stückliste oder durch die - vom System registrierte - Reihenfolge, in der der Planer die Komponenten aus dem Katalog auswählt, festgelegt werden. Hier wird die zweite Methode ausgewählt. Eine explizite Angabe der Reihenfolge erübrigt sich damit. Viele Schnittstellen legen die Lage zweier Komponenten zueinander nicht eindeutig fest, beispielsweise ist die Einspannlänge eines Bohrers in ein Bohrfutter variabel. In solchen Fällen ist die Stückliste durch zusätzliche Angaben - zum Beispiel die Gesamtlänge des Werkzeugs - zu ergänzen. Nach Erstellung der Werkzeuggraphik im CAD-System kann das neu definierte Werkzeug in den Werkzeugkatalog übernommen werden.

Wichtig für die Arbeit des Planers ist es aber, daß er schnell eine Auswahl der für ihn interessanten Werkzeuge bekommt. Dafür stellt das System entsprechende Suchmöglichkeiten zur Verfügung (Bild 5-9). Als Beispiel ist hier die Auswahlmaske für eine Werkzeug mit drei verschiedenen Suchkriterien, die jeweils als Einzelwert oder Bereich definiert werden können, dargestellt.

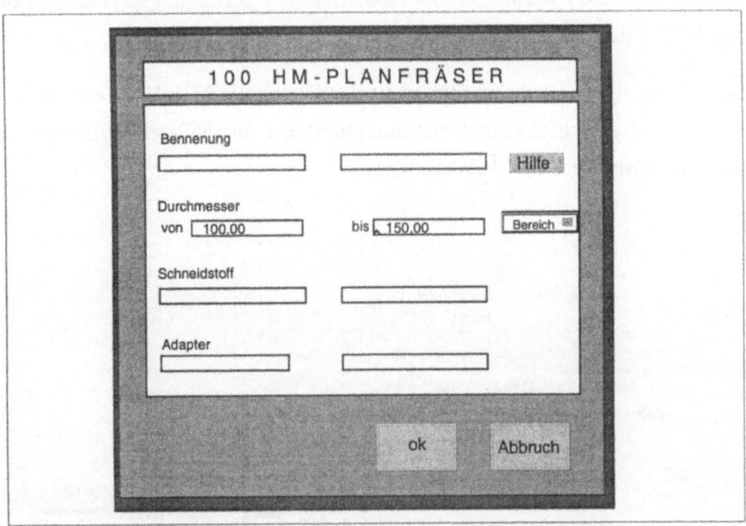


*Bild 5-9: Bildschirmmaske: Auswahlkriterien Werkzeugsuche*

## 5.4    Schnittstellenbeschreibung

Die CIM-Bausteine Betriebsmittelverwaltungssystem, CAD, CAP, CAM, Leit-system und Zellenrechner werden auf Rechnersystemen betrieben, welche auf die in Bild 5-10 dargestellte Weise miteinander vernetzt sind.

Die TCP/IP-Protokolle sind auf allen Rechnern verfügbar. Auf Zellenebene ist zusätzlich eine Kommunikation auf Basis des MAP-Standards möglich. Die Rechner des Fabrikates DEC sind durch das herstellerspezifische DECnet zu-sammengeschlossen. Über einen Koppelrechner kann eine Verbindung zwischen Systemen geschaffen werden, die unterschiedliche Übertragungsprotokolle (zum Beispiel MAP und TCP/IP) verwenden.

Aufgrund der allgemeinen Verfügbarkeit des Protokolls TCP/IP erfolgt der Da-tenaustausch des Betriebsmittelverwaltungssystems mit anderen Systemen ein-heitlich auf Basis der TCP/IP-Protokolle.

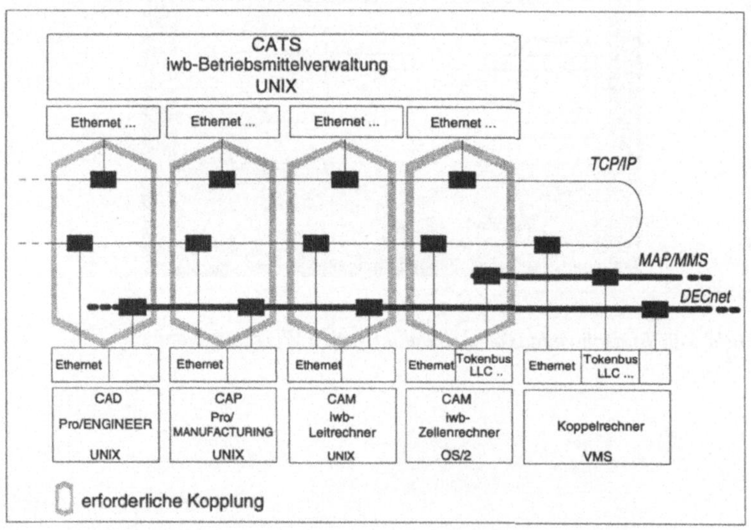


*Bild 5-10: Schematische Darstellung des Rechnerverbundes mit der Anbindung an die Betriebsmittelverwaltung*

## 5.4.1 Kopplung zum CAD-System

Wie bereits erwähnt ist die Implementierung eines vollständigen 3D-CAD-Systems in das Betriebsmittelverwaltungssystem aus Gründen der Komplexität und der Handhabbarkeit des zu realisierenden Systems nicht sinnvoll. Die Kopplung zwischen CAD-System und Verwaltungssystem wird daher informationstechnisch über einen gemeinsamen Datenzugriff realisiert (Bild 5-11). Das Verwaltungssystem generiert die Stückliste eines Werkzeugs, woraus auf seiten des CAD-Systems die 3D-Graphik erzeugt wird. Da für die Darstellung im Verwaltungssystem eine 2D-Darstellung ausreichend ist, wird die Zeichnung auf eine 2-dimensionale Darstellung reduziert. Auf diese derartig modifizierte Graphik kann das Verwaltungssystem seinerseits wieder zugreifen. Die Datenübertragung zwischen Betriebsmittelverwaltungs- und CAD-System ist zeitunkritisch und erfolgt nicht permanent, sondern nur sporadisch. Durch die Multitasking-Systeme können diese beiden Funktionen von einem Arbeitsplatz aus durch einen Mitarbeiter erledigt werden.

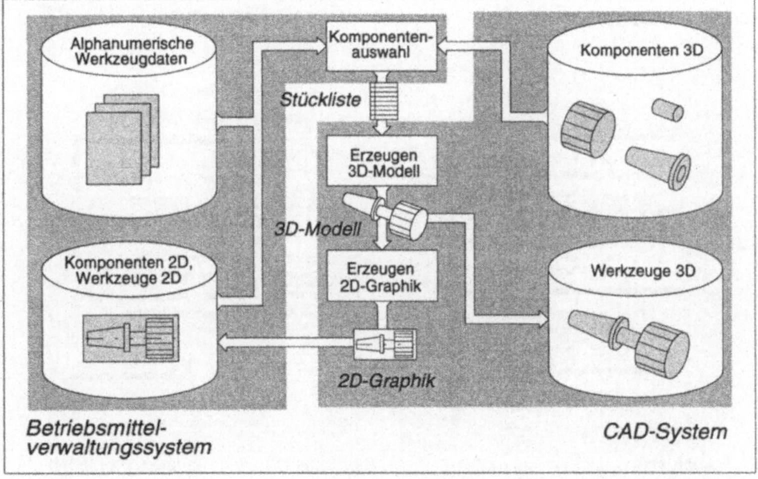


*Bild 5-11: Datenaustausch zwischen Verwaltungs- und CAD-System*

## 5.4.2   Kopplung zum Leitsystem

Die Schnittstelle zwischen Leitsystem und Betriebsmittelverwaltungssystem wird programmtechnisch als Kombination aus gemeinsamem Datenbankzugriff und *online*-Meldungen realisiert werden. Eine wesentliche Erleichterung für die Konzipierung der Schnittstelle besteht darin, daß beide Systeme dasselbe Datenbanksystem (INGRES) einsetzen. Das Schnittstellenkonzept basiert vollständig auf den von INGRES gebotenen Möglichkeiten. Im einzelnen kommen folgende INGRES-*features* zur Anwendung [N.N. 91].

Mit Hilfe der Connect-Anweisung ist es möglich, aus einer laufenden Datenbankanwendung heraus auf eine andere Datenbank zuzugreifen. Der INGRES-Modul Knowledge Management erlaubt die Formulierung von *rules* (Regeln), die aktiviert werden, wenn der Inhalt einer oder mehrerer Tabellen sich ändert. Ist eine Regel aktiviert, d.h. ist die in ihr formulierte Bedingung erfüllt, dann veranlaßt das Datenbankmanagementsystem den Aufruf einer mit der Regel verbundenen Datenbankprozedur. INGRES stellt einen Eventhandler für Datenbankanwendungsprogramme zur Verfügung. In den Anwendungsprogrammen können durch Datenbankprozeduren ausgelöste *events* registriert werden [PETK 92].

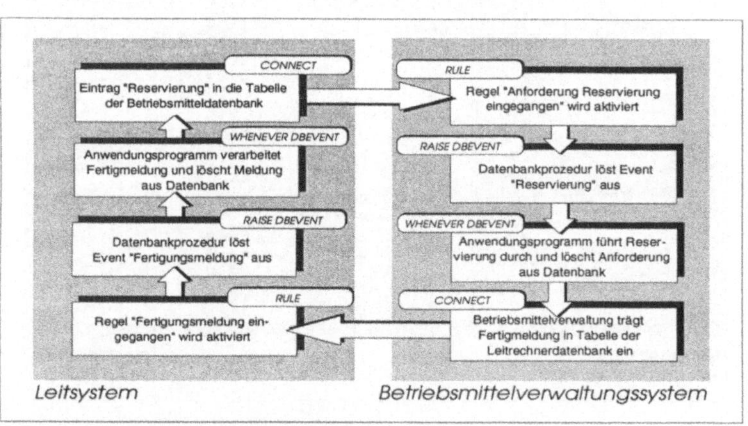


*Bild 5-12: Konzept der Schnittstelle zwischen Leitrechner und Verwaltungssystem*

Damit läßt sich folgender Ablauf bei einer Dienstanforderung durch das Leitsystem realisieren (Bild 5-12). Das Datenbankanwendungsprogramm des Leitsystems trägt die Anforderung am Beispiel der Werkzeugreservierung in eine dafür vorgesehene Tabelle der Betriebsmitteldatenbank ein.

In diesem Fall ist die Betriebsmitteldatenbank die gemeinsame Datenbank von Betriebsmittelverwaltungssystem und Leitsystem. Eine auf dieser Tabelle definierte Regel löst einen *event* aus, der dem Anwendungsprogramm der Betriebsmitteldatenbank den Eingang dieser Dienstanforderung signalisiert. Das Anwendungsprogramm des Verwaltungssystems führt die der Anforderung entsprechenden Aktionen, beispielsweise Eintragungen in die Reservierungstabelle, aus. Das Verwaltungssystem löscht die Dienstanforderung aus der Tabelle und setzt eine Fertig- bzw. eine Fehlermeldung an das Leitsystem ab. Die Übertragung von Meldungen des Betriebsmittelverwaltungssystems funktioniert entsprechend.

Das Verarbeiten der *events* im Anwendungsprogramm der Betriebsmitteldatenbank geschieht in einem ausschließlich dafür vorgesehenen INGRES/4GL-*frame*. Die Verbindung zwischen Leit- und Betriebsmittelverwaltungssystem muß ständig aufrecht erhalten werden. Daher muß dieses *frame* unabhängig von den Aktionen des Bedieners ständig im Hintergrund aktiv sein. Die Abstimmung zwischen BMVS und Leitsystem erfolgt hier automatisch. Interaktionen des Benutzers sind nicht vorgesehen.

### 5.4.3 Kopplung zum Zellenrechner

Die Software des am iwb entwickelten Zellenrechners ist modular aus einer Reihe von Einzelprozessen aufgebaut [GROH 88]. Beispielsweise entspricht der Einlastungsphase, der Dispositionsphase und der Bearbeitungsphase jeweils eine eigene *task*. Die verschiedenen Prozesse laufen unter dem (multitaskingfähigen) Betriebssystem OS/2 parallel nebeneinander. Zwischen den Prozessen findet eine Kommunikation nach dem Client-Server-Prinzip statt. Eine Dienstanforderung (*request*) des Client-Prozesses löst beim Server-Prozeß eine Anzeige (*indication*) aus. Der Server führt den entsprechenden Dienst aus und sendet eine Antwort (*response*) zurück. Diese geht beim Client-Prozeß als Dienstbestätigung (*confirmation*) ein. Zur Abwicklung der Interprozeßkommunikation werden die Möglichkeiten von DAE (Distributed Automation Edition) genutzt, einer Kommunikationssoftware des Anbieters IBM für die verteilte Automatisierung in der Fertigung [EDER 90, GLAS 93].

Zur Kopplung von Betriebsmittelverwaltungssystem und Betriebsmittelzellenrechner ist ein unter UNIX laufendes Datenbankanwendungsprogramm mit den Prozessen des Zellenrechners zu verbinden, woraus sich für das Betriebsmittelverwaltungssystem folgende Struktur ergibt (Bild 5-13).

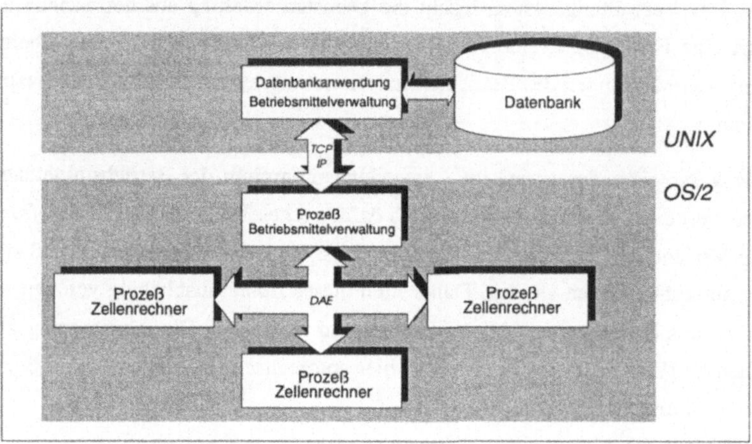


*Bild 5-13: Kommunikation zwischen Verwaltungssystem und Zellenrechner*

Unter OS/2 wird ein Prozeß eingerichtet, der dem Betriebsmittelverwaltungssystem zugeordnet ist. Dieser Prozeß läuft parallel zum Datenbankanwendungsprogramm des Verwaltungssystems. Das Anwendungsprogramm der Betriebsmittelverwaltung wird um Funktionen erweitert, welche das Eventhandling übernehmen. Datenbankanwendungsprogramm und der zugeordnete OS/2-Prozeß kommunizieren auf Basis der TCP/IP-Protokolle miteinander. Gleichzeitig kommuniziert der OS/2- Prozeß über DAE mit den Prozessen des Zellenrechners. Die miteinander verbundenen Prozesse des Verwaltungssystems werden logisch als ein Prozeß betrachtet. Alle vom Zellenrechner benötigten Auftragsdaten werden auf diese Weise übertragen. Ein zusätzlicher gemeinsamer Datenbank- oder Dateizugriff findet nicht statt.

Nach demselben Prinzip läßt sich auch ein dem Leitsystem zugeordneter Prozeß in DAE einbetten. Damit wird eine indirekte Kommunikation zwischen BMVS und Leitrechner über den Zellenrechner möglich. Diese Alternative zu dem im vorigen Abschnitt beschriebenen Verfahren der Kommunikation zwischen Leitsystem und Betriebsmittelverwaltung wird hier jedoch nicht weiter verfolgt.

## 5.5 Einsatz des Verwaltungssystems in der Betriebsmittelorganisation

Im Rahmen der Auftragsabwicklung greifen verschiedene Systeme auf die Informationen des Betriebsmittelverwaltungssystems zu, wobei sich die Intensität der Kommunikation und Abfrage deutlich unterscheidet. Je näher die einzelnen Aktionen zeitlich an den geplanten Einlasttermin des Auftrags in der Fertigung heranreichen, umso detaillierter wird der Informationsbedarf über die benötigten Betriebsmittel.

Den Anfang macht hierbei die Auftragskonstruktion. Sofern es notwendig ist, kann sich der Konstrukteur über das Betriebsmittelverwaltungssystem informieren, ob beispielsweise die geeigneten Werkzeuge für die Fertigung spezifischer Konturen vorhanden sind. Die Kommunikation muß aber nicht nur der Verifikation der Fertigungsmöglichkeiten dienen, sie kann, wie bereits in Kapitel 2 ausgeführt, auch der fertigungsgerechten Konstruktion dienen. Bevor der Konstrukteur die Geometrie des Bauteils festlegt, kann er sich informieren, welche Werkzeuge vorhanden sind und die endgültige Kontur so gestalten, daß sie mit den gegebenen Ressourcen des Unternehmens zu fertigen sind. Dieses Vorgehen wirkt sich vor allen Dingen auf den Bestand und die Nutzung von Sonderwerkzeugen aus und dient somit schon in sehr frühem Planungsstadium der Kostendämpfung im Betriebsmittelwesen. Die folgenden Bereiche gehen nun schon detaillierter an die Planung und Disposition der Betriebsmittel, so daß auch ein wesentlich intensiveres Nutzen des Verwaltungssystems damit verbunden ist. Die Hauptinteressen gelten im folgenden der richtigen Auswahl der Betriebsmittel für den spezifischen Einsatzfall, sowie der Prüfung der Kapazität und einer entsprechenden Beschaffung. Diese Bereiche sollen nun genauer erläutert werden.

### 5.5.1    Betriebsmittelauswahl

Im Rahmen der Arbeitsplanerstellung wählt der Planer die für einen Arbeitsgang am besten geeigneten Betriebsmittel aus und übernimmt sie in das Einrichteblatt. Dazu bietet ihm das System folgende Möglichkeiten. Als Beispiel werden hier wieder die Werkzeuge herangezogen.

Der Benutzer kann sich sämtliche in einer Werkzeugklasse enthaltenen Typen in Form einer Tabelle ausgeben lassen (Bild 5-14). Die Tabelle enthält neben der Identnummer und der Typbezeichnung die wichtigsten Merkmale der entsprechenden Klasse (Beispiel: Fräserdurchmesser). Durch die Angabe bestimmter Merkmalswerte bzw. Wertebereiche kann die Auswahl weiter eingeschränkt werden (Beispiel: Fräserdurchmesser zwischen 50 und 100 mm). Zu jedem in der Tabelle angezeigten Werkzeug existiert eine vollständige Beschreibung in Form einer Aufstellung aller Merkmalswerte ("Datenblatt") und der Werkzeuggraphik. Durch Eingabe der Identnummer kann die vollständige Beschreibung eines Typs ohne Umweg über das Klassifizierungssystem abgefragt werden.

Steht für eine Bearbeitungsaufgabe kein geeignetes Werkzeug zur Verfügung, so hat der Arbeitsplaner bzw. NC-Programmierer die Möglichkeit, aus vorhandenen Komponenten ein passendes Komplettwerkzeug zusammenzustellen. Die Auswahl der Komponenten erfolgt in derselben Weise wie die Auswahl von Komplettwerkzeugen. Die durch ihre Merkmale und eine Graphik beschriebenen Komponenten können über die Identnummer oder das Klassifizierungssystem und die Vorgabe von Merkmalswerten gesucht werden. Ergebnis dieser Tätigkeit ist eine Stückliste, aus der im CAD-System der Betriebsmittelkonstruktion eine Komplettwerkzeuggraphik erzeugt wird.

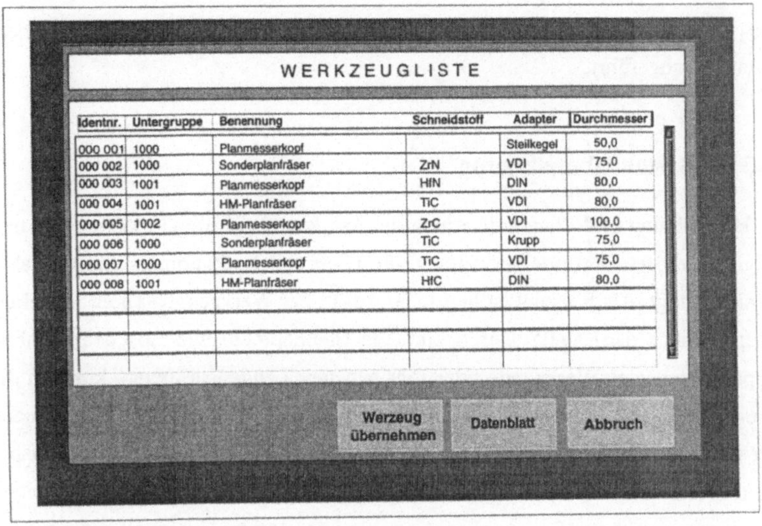

**WERKZEUGLISTE**

| Identnr. | Untergruppe | Benennung | Schneidstoff | Adapter | Durchmesser |
|---|---|---|---|---|---|
| 000 001 | 1000 | Planmesserkopf | | Steilkegel | 50,0 |
| 000 002 | 1000 | Sonderplanfräser | ZrN | VDI | 75,0 |
| 000 003 | 1001 | Planmesserkopf | HfN | DIN | 80,0 |
| 000 004 | 1001 | HM-Planfräser | TiC | VDI | 80,0 |
| 000 005 | 1002 | Planmesserkopf | ZrC | VDI | 100,0 |
| 000 006 | 1000 | Sonderplanfräser | TiC | Krupp | 75,0 |
| 000 007 | 1000 | Planmesserkopf | TiC | VDI | 75,0 |
| 000 008 | 1001 | HM-Planfräser | HfC | DIN | 80,0 |



*Bild 5-14: Bildschirmmaske: Werkzeugliste*

## 5.5.2 Kapazitätsprüfung und Beschaffung

Die Kapazitätsprüfung, die im Bereich des Fertigungsvorfeldes angestellt wird, bezieht sich rein auf die tatsächliche Kapazität der einzelnen Betriebsmittel und damit auf die im Lager oder in Umlauf befindlichen Bestände. Für Standardbetriebsmittel muß in der Regel keine separate Kapazitätsprüfung erfolgen, da die Bestände durch statistische Daten optimal auf den Betrieb ausgelegt werden und für sie eine Routinebeschaffung ausgelöst werden kann, sobald der Bestand einen ermittelten benötigten Mindestbestand unterschreitet. Die Kapazitätsprüfung und die damit verbundene Beschaffung spielt bei den Sonderwerkzeugen eine weitaus wichtigere Rolle.

Die Beschaffung von Sonderwerkzeugen nimmt nach wie vor eine relativ lange Zeit in Anspruch. Um den Auftragsfortschritt nicht zu hemmen, muß somit die Beschaffung möglichst früh ausgelöst werden. Diese Aktion steht in enger Beziehung mit der Betriebsmittelkonstruktion und wird von der Betriebsmittelplanung, die für das Betriebsmittelwesen die Aufgaben eines PPS-Systems übernimmt, durchgeführt.

### 5.5.3   Bestandsbereinigung

Die Bereinigung und Standardisierung des Werkzeugspektrums ist eine wichtige Aufgabe der Betriebsmittelverwaltung, da sie erhebliche Rationalisierungseffekte mit sich bringt. Als Beispiel ist hier in Bild 5-15 der Werkzeugdatenbestand eines Unternehmens dargestellt. Durch einfache Maßnahmen, wie Löschen sachlich doppelt angelegter Werkzeuge oder sehr geringer Längenstufungen, konnten die angegebenen Bestände erheblich reduziert werden. Aufgrund der immer noch sehr geringen Einsatzhäufigkeit der Werkzeuge besteht hier noch Reduktionspotential. Aufgrund fehlender Verwendungsnachweise konnte jedoch keine weitere Bereinigung mehr stattfinden, ohne Auswirkungen auf die Fertigung ausschließen zu können [MILB 90]. Im Rahmen dieser Arbeit spielt die Planung des Betriebsmittelspektrums jedoch eine untergeordnete Rolle und soll daher nicht näher besprochen werden.

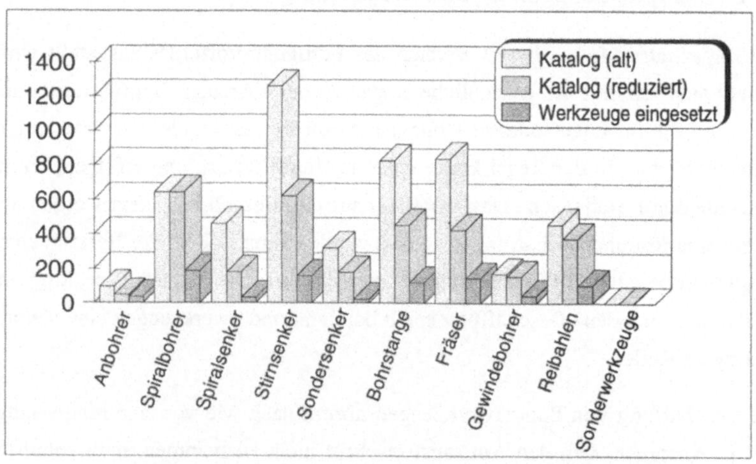


*Bild 5-15: Bereinigungspotential im Bereich der Betriebsmitteldaten*
*[MILB 90]*

## 5.6 Zusammenfassung

Durch den Einsatz einer relationalen Datenbank kann das Konzept des integrierten Betriebsmittelwesens mit seinem informationstechnischen Schwerpunkt im Bereich des Fertigungsvorfeldes realisiert werden. Die Struktur des Datenbanksystems erlaubt es, durch die Einbindung entsprechender Applikationsprogramme und Module ein Verwaltungssystem zu konfigurieren, das allen Anforderungen an die Datenhaltung in bezug auf Umfang und Konsistenz gerecht wird und dabei auch die Belange des Anwenders berücksichtigt. Um einen möglichst universellen und flexiblen Einsatzbereich des Verwaltungssystems zu realisieren, ist das System so ausgelegt, daß die Spezifikation der zu erfassenden Betriebsmittel vom Anwender direkt festgelegt werden kann und durch eine adäquate Gestaltung der Benutzeroberfläche auch den Anwendern das Arbeiten mit dem Verwaltungssystem ermöglicht werden kann, deren Hauptbetätigungsfeld nicht im Bereich der Datenverarbeitung sondern im Fertigungsbereich liegt. Durch diesen Aufbau kann vor allen Dingen die Akzeptanz durch die Mitarbeiter gegenüber dem Verwaltungssystem erzielt werden, sodaß die mit dem System verbundenen organisatorischen Maßnahmen zu den erwünschten Verbesserungen im Betriebsmittelwesen führen werden.

Durch die Integration des Systems in die bereits bestehende Rechnerstruktur und das installierte Netzwerk kann das Verwaltungssystem als zentrale Informationskomponente des Betriebsmittelwesens eingesetzt werden. Die erforderlichen Schnittstellen zu anderen CA-Systemen, wie CAD, NC-Programmierung oder Leitsystem, können durch die Konfiguration des bestehenden Rechnerverbundes und die technischen Möglichkeiten der eingesetzten Software (multitasking) auf elegante Weise effizient realisiert werden.

# 6  Integration der Betriebsmittelverwendung in ein Flexibles Fertigungssystem

In diesem Kapitel soll nun auf die Betriebsmittelverwendung genauer eingegangen werden, die in den Bereichen Leit- und Zellenebene sowie der Fertigungsebene anzusiedeln ist und sich grundlegend auf die Bereitstellung der Betriebsmittel für den Fertigungseinsatz bezieht (Bild 6-1). In Analogie zu Kapitel 5 sollen die einzelnen Funktionen, Tätigkeiten und Bereiche eines Auftragsdurchlaufes betrachtet werden. Die Umgebung in der die einzelnen Komponenten angesiedelt sind, ist der Bereich des Leitsystems, die Betriebsmittelzelle sowie das Fertigungssystem, in das die Betriebsmittelzelle über die Materialflußkomponente hardwaretechnisch und mittels Zellenrechner und Betriebsmittelverwaltungssystem informationstechnisch integriert ist.

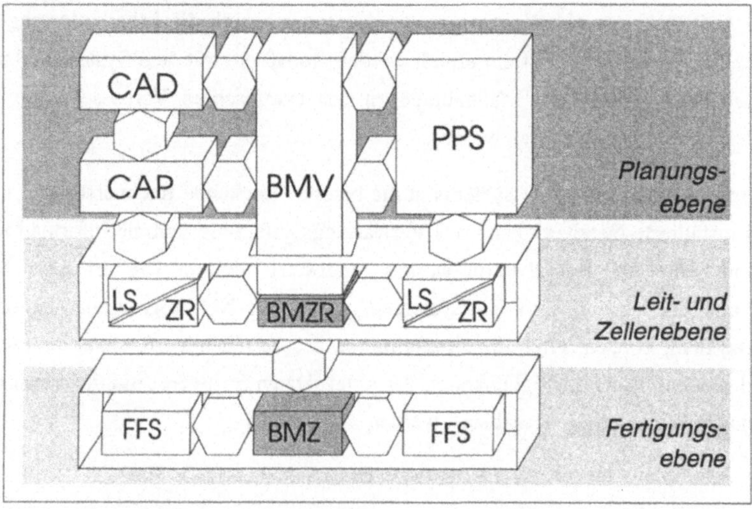


*Bild 6-1: Einbindung der Betriebsmittelverwendung in die Hierarchieebenen*

Nach einer kurzen Beschreibung der Fertigungsumgebung und der relevanten Betriebsmitteldaten, die im Fertigungsbereich erzeugt werden, soll die Zellensteuerung, Auftragseinlastung und Durchsetzung auf Leitebene sowie Zellenebene dargestellt werden. Als letzten großen Punkt geht es um die Realisierung der Bereitstellung der Betriebsmittel und die tatsächliche Integration der Betriebsmittelzelle in das Fertigungssystem.

## 6.1 Beschreibung der Fertigungsumgebung

Im folgenden soll die Fertigungsumgebung, in die die Betriebsmittelverwendung integriert werden soll, grundsätzlich dargestellt werden. Die Steuerungsstrategie kann jedoch vorab beschrieben werden. Die Rechner- und Steuerungsarchitektur des Fertigungssystems wurde am iwb entworfen und entwickelt und sieht einen zentralen Fertigungsleitrechner vor, der die Auftragsterminierung und Durchsetzung für dieses eine Fertigungssystem übernimmt und nach bestimmten Kriterien optimiert. Die Durchsetzung und Überwachung der einzelnen Aktionen erfolgt dann im untergeordneten Zellenrechner, der die Einzelkomponenten der Zelle koordiniert und die Steuerungen auf Anlagenebene anspricht. Die Zellenebene ermöglicht neben dem streng hierarchisch vertikalen Informationsfluß auch einen horizontalen Informationsaustausch der einzelnen Zellenrechner.

### 6.1.1 Beschreibung des Fertigungssystems

An dieser Stelle soll nun kurz die Fertigungsumgebung, in die das Betriebsmittelwesen integriert werden soll, dargestellt werden.

Das flexible Fertigungssystem, das für diese Betrachtungen herangezogen wurde, setzt sich, wie in Bild 6-2 schematisch dargestellt, aus den Komponenten Bearbeitungszelle, in diesem Fall eine Dreh- und eine Bohr-Fräs-Bearbeitungszelle, sowie einer Qualitätszelle, die ein 3D-Koordinatenmeßgerät beinhaltet, zusammen. In diese Umgebung wird die hybride Betriebsmittelzelle integriert. Der Materialfluß verknüpft die einzelnen Zellen miteinander und stellt zugleich die Schnittstelle zu anderen Produktionseinrichtungen des Unternehmens dar. Jede Zelle besitzt Schnittstellen zum Materialfluß, wodurch zum einen sowohl der Fluß der Werkstücke, als auch, was speziell für den Betriebsmittelbereich von

Interesse ist, die Versorgung der Zelle mit Betriebsmitteln bewerkstelligt wird. Die Handhabung der Betriebsmittel und der Werkstücke im Zellenbereich erfolgt durch ein Handhabungsgerät, wobei es sich in diesem speziellen Anwendungsfall um einen mobilen Roboter, ein 6-Achsen-Knickarmroboter, der inklusive Energie- und Datenversorgung auf eine FTS-Transportpalette montiert ist, handelt. Alle Zellen beruhen auf dem gleichen strukturellen Aufbau, der im Bereich der Betriebsmittelzelle erweitert worden ist.

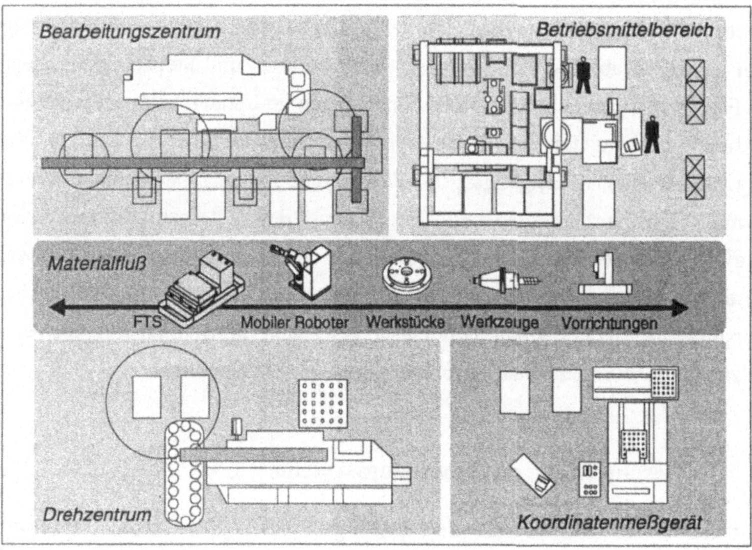


*Bild 6-2: Schematische Darstellung des flexiblen Fertigungssystems des iwb*

## 6.1.2    Aufbau der hybriden Betriebsmittelzelle

Die Betriebsmittelzelle ist als hybride Zelle konzipiert (Bild 6-3). Der manuelle Bereich, der im weiteren auch als Bereitstellungsbereich bezeichnet wird, umfaßt den gesamten Lagerbereich der Betriebsmittel, Montage und Demontagearbeitsplätze sowie eine Schnittstelle zum Materialfluß. Ebenfalls im manuellen

Bereich sind die Terminals sowohl des Betriebsmittelverwaltungssystems wie auch des Zellenrechner aufgestellt. Der automatisierte Bereich der Zelle, der im folgenden als Rüstzelle bezeichnet wird, wird durch den Portalroboter bestimmt, der die zentrale Handhabungskomponente der Zelle darstellt. Schnittstellen zwischen den zwei Bereichen gibt es an drei Stellen. Dies sind die Werkzeugmeßmaschine, der Drehteller zum Einschleusen der Werkzeuge in die Rüstzelle und die Ausschleusepalette von der Rüstzelle in den Bereitstellungsbereich.

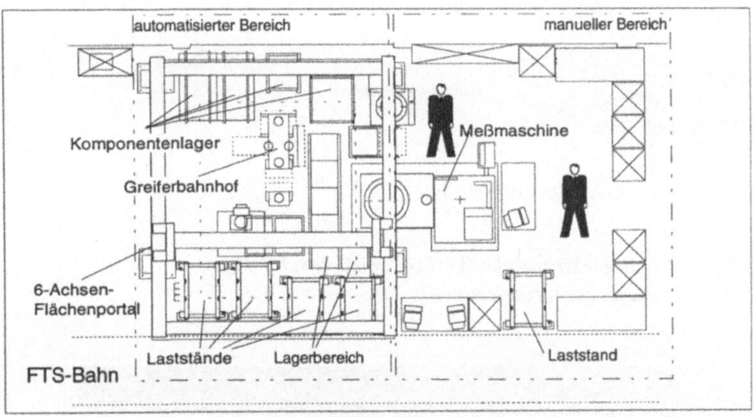


*Bild 6-3: Aufbau der hybriden Betriebsmittelzelle*

Die erforderliche Maschine zur Werkzeugvoreinstellung bzw. Werkzeugvermessung ist im Übergangsbereich zwischen manuellem und automatisierten Zellenbereich angeordnet und kann von beiden Seiten gleichermaßen genutzt werden. Die Meßmaschine besteht aus einem Meßgerät und einer Automatisierungseinheit, die sich wiederum in einen Werkzeugspeicher und eine Handhabungseinheit untergliedert (Bild 6-4). Die Automatisierungseinheit liegt im Arbeitsraum des Portalroboters. Bei der automatischen Vermessung von Werkzeugen wird über eine Handhabungseinheit der Maschine das entsprechende Werkzeug in die Meßvorrichtung eingesetzt. Die eigentliche Meßmaschine ist hingegen im Bereich der manuellen Zelle angeordnet und daher für Bedienpersonal zugänglich. Priorität an der Meßmaschine hat der Mitarbeiter, der manuell ein Werkzeug voreinstellen möchte.

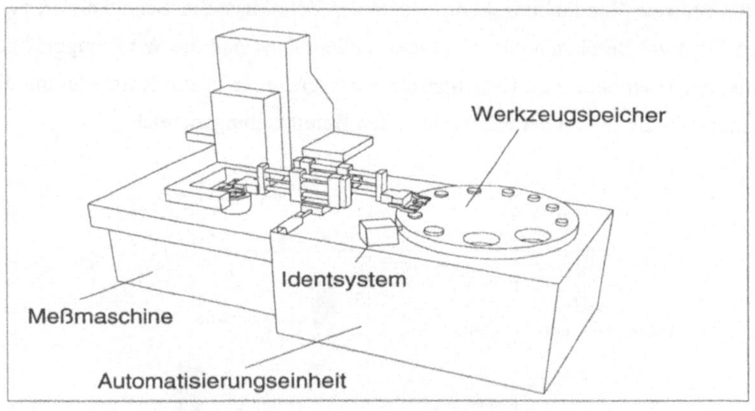


*Bild 6-4: Optoelektronische Werkzeugmeßmaschine mit*
*Automatisierungseinheit*

*Bild 6-5: Blick auf den gemeinsamen Arbeitsraum in der Betriebsmittelzelle*

Die Anlage ist räumlich in sich sicherheitstechnisch so aufgebaut, daß der Bediener durch den Zugriff des Portalroboters auf den Werkzeugspeicher nicht gefährdet wird (Bild 6-5).

Im Gegensatz zum Ausschleusen wird beim Einschleusen immer nur ein Werkzeug an der Übergabestellte bereitgestellt. Damit an dieser Stelle kein Engpaß entsteht, werden alle bereitgestellten Werkzeuge mit höchster Priorität in den Bereich der Rüstzelle transportiert. Sowohl Einschleuseplatz als auch Ausschleusepalette sind sicherheitstechnisch so in den Ablauf integriert, daß der Bediener nicht durch das Portal gefährdet werden kann.

Der automatisierte Bereich wird von einem zentralen Handhabungsgerät, einem 6-Achsen-Flächenportal bestimmt (Bild 6-6). Im Arbeitsraum dieses Roboters sind die Übergabestellen von und zum manuellen Bereich, die Werkzeugmeßmaschine sowie Lagerplätze für Komplettwerkzeuge und Magazinplätze für die Komponenten Transportpaletten, Werkzeugwechselrahmen, Werkstückschienen und Fördereinrichtungen für Transportpaletten, die ebenfalls durch den Portalroboter gehandhabt werden (Bild 6-7).

*Bild 6-6: Blick in den automatisierten Bereich der Betriebsmittelzelle*

Neben dem Kommissionieren der Werkzeugrüstsätze ist eine weitere wichtige Aufgabe des Portals die Transportpaletten, die für Werkstücke und für Werkzeuge gebraucht werden, auftragsbezogen aus den bereitgestellten Komponenten aufzurüsten. Zentraler Punkt ist auch hier die Schnittstelle zum Materialfluß. Da die Hauptaufgabe des Betriebsmittelwesens die Bereitstellung zum Beispiel von Werkzeugsätzen für die Bearbeitung ist, liegt daher auch ein besonderes Augenmerk auf den Schnittstellen zum Materialfluß. Für die Werkzeug- und Transportpaletten stehen jeweils 2 Laststände zur Verfügung, um das parallele Rüsten und Kommissionieren von Paletten und das Ein- und Ausschleusen dieser Paletten gewährleisten zu können. Unter dem Aspekt einer schnellen und effizienten Reaktion auf Störungen aus dem Fertigungsbereich, wird zusätzlich eine Übergabestelle für Einzelwerkzeuge installiert, auf die der mobile Roboter direkt vom FTS aus zugreifen kann.

*Bild 6-7: Handhabung eines Werkzeugpalettenmoduls*

Für den Betriebsmittelbereich übernimmt, wie bereits in Kapitel 4 angesprochen, analog zum Fertigungsleitsystem das Betriebsmittelverwaltungssystem die

Funktionen Auftragsgenerierung und Einlastung in der Zellenebene. Die Auftragsreihenfolgebildung verbleibt aus Gründen der Priorität beim Leitsystem, das in der Regel nach Kriterien einer optimalen Maschinenbelegung oder kleiner Durchlaufzeiten das Produktionsprogramm erstellt. Die Durchsetzung der Aufträge in der Betriebsmittelzelle erfolgt hier ebenfalls durch die Zellenebene. Eine weitere Ergänzung im Rahmen der Datenhaltung und des Informationsflusses ist die Installation von Identifikationssystemen. Durch die Ausrüstung jedes Betriebsmittels mit einem Identchip und die Speicherung von grundlegenden temporären Daten, die sich auf dieses eine Individuum beziehen, wird bei Ausrüstung der Fertigungsanlagen mit entsprechenden Auswerteeinheiten der Identsysteme ein kurzer Informationsfluß zu Plausibilitätskontrollen möglich. Durch die objektnahe Datenhaltung können somit Störungen vermieden werden und ein günstiges Zeitverhalten in Falle einer Störung des Zellenrechner erzielt werden.

## 6.2 Betriebsmitteldaten aus dem Flexiblen Fertigungssystem

Sehr wichtige Daten, die für die Planung und Terminierung der Rüstaufträge durch das Verwaltungssystem benötigt werden, werden im Rahmen des Auftragsdurchlaufes im Fertigungsbereich erzeugt. Durch den übergreifende Informationsfluß innerhalb des Betriebsmittelwesens besteht hier die Möglichkeit, diese Informationen zurückzuführen und die Datenbank ständig zu aktualisieren. Grundlegend lassen sich diese generierten Daten in die Bereiche Lager- und Einsatzorte sowie Einsatz- und Prozeßdaten untergliedern.

### 6.2.1 Lagerbewegungen und Einsatzorte

Im Fertigungsbereich und von der grundlegenden Ausrichtung des Betriebsmittelwesens spielen die Einsatzorte sowie die Lagerorte und vor allem auch die Lagerbewegungen eine wichtige Rolle. Terminierung und Einsatzplanung ohne konkrete Informationen durch das Verwaltungssystem sind nicht sinnvoll. Wie bereits ausgeführt, soll die Einsatzplanung der Betriebsmittel unter minimiertem Aufwand und optimiertem Einsatz der gegebenen Ressourcen erfolgen.

Lagerbewegungen erfolgen beim Montieren bzw. Demontieren sowie dem Ein- bzw. Ausschleusen teil- bzw. komplettmontierter Betriebsmittel. Durch die Lagerinformationen aus dem Verwaltungssystem ist der Mitarbeiter in der Lage, die betreffenden Betriebsmittel zu finden. Durch einfaches Bestätigen der angeforderten Stückliste kann der Bestand am Lager um die entnommenen Bauteile korrigiert werden. Diese Teile werden nun dem Umlaufbestand zugeschlagen. Nach erfolgter Montage wird dem neu entstandenen Betriebsmittelindividuum seine eindeutige Identnummer zugeordnet, anhand der sowohl die Zustandsdaten zugeordnet werden als auch die Verfolgung des Betriebsmittels im Fertigungsbereich erfolgt. Bei Vergabe der Identnummer wird automatisch dem Werkzeug der momentane Lager- oder Einsatzort zugewiesen. Sobald das Werkzeug in den automatisierten Bereich der Betriebsmittelzelle eingeschleust wird, wird auch der Status des Einsatzortes auf "Rüstzelle" umgesetzt. Durch die Aufzeichnung kann jedes Betriebsmittel schnell und eindeutig gefunden werden. Sollte wegen einer Störung im Fertigungsbereich zum Beispiel ein Werkzeug schnell ersetzt werden müssen, kann durch diese Option ein vorhandenes Ersatzwerkzeug gefunden werden, egal wo es sich gerade im Fertigungsbereich befindet und durch entsprechende Aufträge an das Materialflußsystem am neuen Einsatzort zur Verfügung gestellt werden.

Speziell für den automatisierten Zellenbereich wird in der Datenbank nur der Aufenthaltsort, nicht aber die genaue Lagerposition des Werkzeugs in der Datenbank festgehalten. Da die exakte Lagerposition für die Einsatzplanung des Verwaltungssystems keine Rolle spielt und sie ausschließlich für die Parameterbestimmung der Transportaktionen des Handhabungssystems von Bedeutung ist, werden diese Daten nicht zentral gehalten und aktualisiert, sondern dezentral vom Zellenrechner verwaltet und auf den Identchips der Transportpaletten abgelegt. Bei Rücklauf der Betriebsmittel werden die Einzelkomponenten auf Vorschlag des Verwaltungssystems in die einzelnen Lagerfächer zurückgelegt und der Lagerbestand entsprechend auf den aktuellen Stand erhöht. Auch Komplettwerkzeuge werden nach Anweisung des Verwaltungssystems eingelagert. Hier wird jetzt die genaue Lagerposition festgehalten, damit das Werkzeug, das in der Regel noch über eine bestimmte Reststandzeit verfügt, komplett ausgenutzt werden kann.

Zusammen mit den Verwendungsnachweisen bilden die Einsatzorte die Basis der Betriebsmittelverfolgung in der Fertigung und sichern auf diese Weise eine schnelle Reaktionsfähigkeit und Flexibilität bei Störungen im geplanten Fertigungsablauf.

## 6.2.2    Einsatz- und Prozeßdaten

Neben den Lager- und Einsatzorten sind für die Planung des Betriebsmitteleinsatzes und vor allen Dingen für den Fertigungsablauf die Einsatzdaten sowie Ergebnisse und Daten aus dem Fertigungsprozeß von Interesse. Da die Werkzeuge den größten Teil der Betriebsmittel ausmachen, werden sie für die folgenden Betrachtungen als Grundlage herangezogen .

Als erstes sollen die Einsatzdaten betrachtet werden. Jedes Werkzeug besitzt eine Sollgeometrie, die auch für die NC-Programmierung herangezogen wird. Da die einzelnen Vertreter dieses Werkzeugtyps aber nicht alle identisch zusammengebaut werden können, muß bei der Bearbeitung die jeweilige Abweichung von der Sollgeometrie berücksichtigt werden. Diese Korrekturdaten werden beim Vermessen der Werkzeuge ermittelt. Durch den Zellenrechner werden diese Ergebnisdaten an das Verwaltungssystem übermittelt, das sie für das entsprechende Werkzeugindividuum in den Zustandsdaten der Datenbank aktualisiert. Gleichzeitig werden diese Ergebnisdaten aber auch in Form eines Istdatensatzes auf den Identchip des Werkzeugs übertragen. Beim Einsatz des Werkzeugs an der Maschine werden nun die Korrekturdaten das Werkzeugs an die Maschinensteuerung per DNC-Betrieb übergeben. Durch die objektnahe Datenhaltung kann nun vor dem Einsatz eine Plausibilitätskontrolle durchgeführt werden, ob Werkzeug und Datensatz korrespondieren. Diese Maßnahme ist eine weitere Sicherung dafür, daß der Fertigungsprozeß möglichst störungsfrei abläuft.

Eine weitere Information, die im weiteren Sinn ebenfalls als Einsatzdatum betrachtet werden kann, ist die Standzeit eines Werkzeugs. Während des Einsatzes reduziert sich die Standzeit des Werkzeugs. Die verbleibende Reststandzeit wird beim Abrüsten des Auftrages dem einzelnen Werkzeug zugeordnet. Neben der Aktualisierung dieser Größen in der Datenbank wird die Standzeit auch auf dem Identchip vermerkt. Wird ein neuer Auftrag geplant und terminiert, versucht das Verwaltungssystem die Werkzeuge, die noch mit ausreichend hoher Standzeit behaftet sind, zuerst einzusetzen. Grund dafür ist, die gegebene Kapazität der Werkzeuge soweit als möglich auszunutzen.

Aus dem Fertigungsprozeß lassen sich aber auch andere Daten herausfiltern, die zwar keinen direkten Einfluß auf das Fertigungsergebnis haben, aber dennoch für grundsätzliche Überlegungen herangezogen werden können. Es handelt sich hierbei um Informationen, die etwaige Störungen des Fertigungsablaufes in bezug auf Betriebsmittel dokumentieren. Im einfachsten Fall handelt es sich dabei um den Bruch eines Werkzeugs, den vorzeitigen Verschleiß oder auch Geometriefehler bei Vorrichtungen u.ä.. Diese Fehler werden in einer Berichtsdatenbank mit Bezug auf das entsprechende NC-Programm, die Maschine, das betroffene Bauteil sowie den Fertigungstermin abgelegt. Für jeden Auftrag läßt sich somit überprüfen, ob im gesamten Fertigungsumfeld Probleme aufgetreten sind. Durch diese chronologischen Betrachtungen können systematische Fehler entdeckt und durch gezieltes Eingreifen die Fehlerquelle beseitigt werden. Diese Fertigungsergebnisse bzw. Prozeßparameter sind auch für andere Zweige der Steuerstruktur von Interesse, zum Beispiel für Qualitätssicherungssysteme, die auf die Datenbasis über die bereits beschriebenen Schnittstellen zugreifen und auf der Basis der Prozeßdaten Fehler und Mängel diagnostizieren und geeignete Maßnahmen zur Zielerreichung vorschlagen können.

## 6.3    Betriebsmittelsteuerung auf Leitebene

Basierend auf den Daten, die über die einzelnen Betriebsmittel zur Verfügung stehen, kann nun die Steuerung bzw. Einsatzplanung der Betriebsmittel für die anstehenden Fertigungsaufträge erfolgen. Hierzu gehört sowohl die Bestimmung des jeweiligen Bedarfs, die Prüfung der grundsätzliche Verfügbarkeit sowie das Erstellen der nötigen Auftragsteilschritte für den Zellenrechner und anderer untergeordneter Rechnerstrukturen. Die Planung der Aufträge erfolgt, wie bereits in Kapitel 4 angesprochen, in einer direkten Kommunikation zwischen Fertigungsleitsystem und Betriebsmittelverwaltungssystem. Wenn nötig, wird in mehreren Schritten ein Optimum der Auftragsreihenfolge und der Maschinenbelegung gefunden, die mit dem jeweils verfügbaren Betriebsmittelbestand zu realisieren ist.

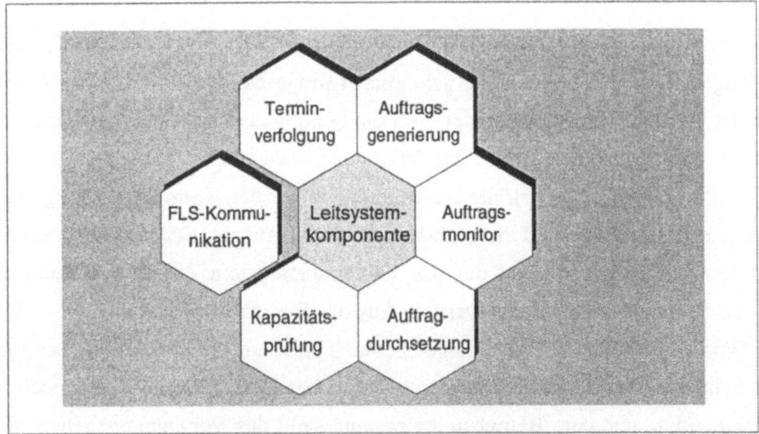


*Bild 6-8: Aufgaben der Leitsystemkomponente der Betriebsmittelverwaltung*

In Bild 6-8 sind die grundlegenden Funktionen und Aufgaben der Leitsystemkomponente des Betriebsmittelverwaltungssystems dargestellt. Im folgenden wird auf die einzelnen Punkte noch im Detail eingegangen. Terminverfolgung und Kapazitätsprüfung stellen die Grundlage für die Auftragsgenerierung und Durchsetzung dar. Der Teilbereich Auftragsmonitor ist im Bereich Auftragsdurchsetzung für den manuellen Bereich der Betriebsmittelzelle von Bedeutung. Die Durchsetzung beinhaltet die Einlastung und Überwachung der Aufträge.

### 6.3.1   Generierung der Aufträge

Die Generierung der Aufträge kann auf zwei unterschiedliche Ausgangssituationen zurückgeführt werden, die auch getrennt voneinander betrachtet werden sollen. Zum einen wird vom Fertigungsleitsystem (FLS) eine Aufforderung an das Betriebsmittelverwaltungssystem gestellt, zum anderen resultiert der Handlungsbedarf aus einer Störungsmeldung des Betriebsmittelzellenrechner. Werden durch das FLS Aufträge eingelastet, erfolgt die Ansteuerung über die folgenden Mechanismen (Bild 6-9).

Das Leitsystem plant seinerseits die optimale Auftragsreihenfolge. Ist der neue Auftrag terminlich eingebunden, geht eine Anfrage, verbunden mit einer Reservierung, an das Verwaltungssystem, ob die benötigten Kapazitäten an Betriebsmitteln zum geplanten Termin zur Verfügung stehen. Das Verwaltungssystem erhält mit der Anfrage auch die Informationen über den Termin, NC-Programm bzw. Auftragsnummer und die geplante Stückzahl. Aus der Stückzahlinformation und dem NC-Programm, auf das das Verwaltungssystem Zugriff hat, kann die genaue Werkzeugliste erzeugt werden. Aus der Einsatzzeitangabe für die einzelnen Werkzeuge kann die notwendige Standzeit und damit die Anzahl der benötigten Schwesterwerkzeuge ermittelt werden. Über den Abgleich der erstellten Werkzeugliste und dem Betriebsmittelbestand stellt das Verwaltungssystem fest, ob die entsprechende Kapazität zur Verfügung steht und reserviert die betreffenden Bauteile für diesen Auftrag. Ergibt sich ein Engpaß in der Planung, was vor allen Dingen bei Sonderwerkzeugen oder speziellen Vorrichtungen der Fall sein kann, gibt das Verwaltungssystem eine entsprechende Fehlermeldung an das Leitsystem zurück. In der Meldung wird dem Leitsystem der Grund und die entsprechende Dauer der Verzögerung mitgeteilt. Nun obliegt es dem Leitsystem den Auftrag neu zu terminieren und das Produktionsprogramm umzugestalten. Stößt der Auftrag im Betriebsmittelbereich auf keine Schwierigkeiten, generiert das Verwaltungssystem die erforderliche Werkzeug- und Betriebsmittelliste und erzeugt daraus einen entsprechenden Montageauftrag sofern die Werkzeuge nicht schon in zusammengebauter Form zur Verfügung stehen. Diese Montageanweisung wird automatisch auf dem Auftragsmonitor im Bereitstellungsbereich der Betriebsmittelzelle angezeigt.

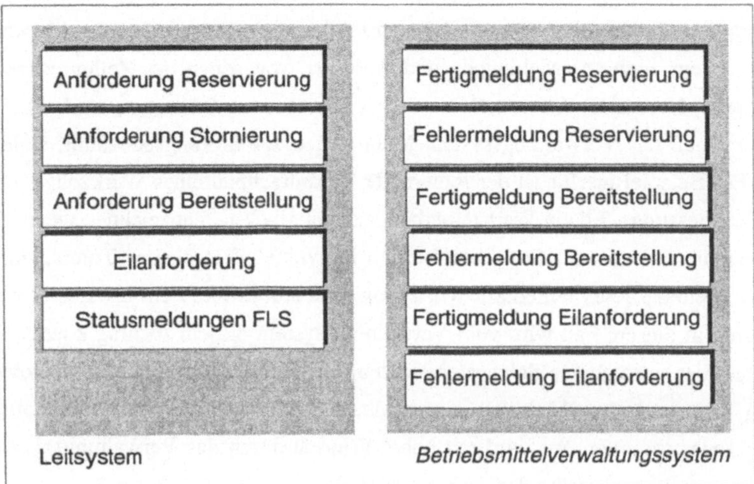


*Bild 6-9: Auftragsumfang von Fertigungsleitsystem und Betriebsmittelver-
waltung*

Da im Fertigungsablauf und auch im Betriebsmittelbereich jedoch immer kleine zeitliche Verschiebungen möglich sind, wird, bevor das Leitsystem den Auftrag in der Fertigung einlastet, die Bestätigung des Verwaltungssystems gefordert, daß der Werkzeugsatz zum Einsatz bzw. zur Kommissionierung bereit steht. Dies entspricht der Anforderung der Bereitstellung. Erst dann wird parallel der Auftrag in der Fertigung eingelastet und die Werkzeuge auf der Transportpalette kommissioniert. Parallel zur Bearbeitung schlägt das Verwaltungssystem dem Leitrechner vor, welche Werkzeuge nach Bearbeitungsende für den nächsten Auftrag an der Maschine verbleiben sollen, ansonsten werden standardmäßig alle Werkzeuge abgerüstet und in die Betriebsmittelzelle zurücktransportiert. Bei dieser Entscheidung spielt sowohl die Reststandzeit der Werkzeuge als auch das weitere Fertigungsprogramm eine Rolle.

Auch bei Auftragsende erhält das Verwaltungssystem eine entsprechende Statusmeldung des Leitsystems, so daß das Verwaltungssystem die erforderlichen Abrüst- und Ausschleusanweisungen an den Betriebsmittelzellenrechner erstellen kann. Hierbei werden die bereits eingeplanten neuen Aufträge berücksichtigt.

Neben diesen direkt durch das Leitsystem initiierten Aufträgen muß das Verwaltungssystem auch auf Meldungen und Anfragen von seiten des Zellenrechners reagieren. Neben den Statusmeldungen bei auftretenden Störungen an das Leitsystem muß das Verwaltungssystem Maßnahmen zur Störungsbehebung einleiten. Ein Beispiel hierfür ist der fehlerhafte Zusammenbau eines Werkzeugs. Bei der Vermessung wird ein Werkzeug dann als fehlerhaft gekennzeichnet, wenn die Abweichungen von der Sollgeometrie ein individuell festgelegtes Toleranzmaß überschreitet. Dieses fehlerhafte Werkzeug muß sofort durch ein anderes ersetzt werden. In diesem Fall wird vom Verwaltungssystem diesem Auftrag kurzfristig ein anderes verfügbares Schwesterwerkzeug zugeordnet. Das fehlerhafte Werkzeug wird aus der Rüstzelle ausgeschleust. Die Änderung des fehlerhaften Werkzeugzusammenbaus wird mit hoher Priorität durch das Verwaltungssystem im Bereitstellungsbereich der Zelle eingeleitet.

Ein weiterer Reaktionsmechanismus ist der Vermessungsauftrag bzw. der Einschleuseauftrag in den automatisierten Zellenbereich. Der Auslöser hierfür ist die Bestätigung aus dem manuellen Bereich, daß ein Werkzeug montiert ist und eine entsprechende Identnummer dafür angefordert wird. Aus ablauftechnischen Gründen erfolgt die Identifikation kurz bevor das Betriebsmittel in die Rüstzelle eingeschleust wird und ist physikalisch an die Übergabestelle zwischen den beiden Zellenbereichen gebunden. Diese Aktion zieht direkt eine Auftragseinlastung in den Zellenrechner durch das Verwaltungssystem nach sich. Neben dem Generieren der Aufträge ist auch der Zeitpunkt der Einlastung von entsprechender Bedeutung. Da die Betriebsmittelbereitstellung nie das einschränkende Element für den Auftragsstart an der Maschine sein darf, müssen alle Aufträge des Verwaltungssystems mit ausreichendem zeitlichen Vorlauf ausgelöst werden. Hierfür ist im Verwaltungssystem eine Komponente integriert, die die Zieltermine für die einzelnen Aktionen und Aufträge ermittelt. Die Terminvorgabe ist somit ein Maß für die Dringlichkeit und damit für die Priorität eines Auftrages. Nach diesem Kriterium kann damit die Reihenfolgeoptimierung der Aufträge erfolgen.

## 6.3.2 Verfügbarkeitsprüfung und Terminierung der Bereitstellung

Verfügbarkeitsprüfung und Terminierung der Aufträge sind zentrale Punkte in der Leitsystemfunktionalität des Verwaltungssystems. Die einzelnen Montageaufträge für Werkzeuge werden so terminiert, daß ausreichend Zeit für Montage, Vermessung und Kommissionieren zur Verfügung steht. Die Zeiten, die dafür eingerechnet werden müssen, sind in der Datenbank des Verwaltungssystems hinterlegt. Für die Montagezeit muß hier die Anzahl der zu montierenden Komponenten und die Komplexität der Montage berücksichtigt werden. Die benötigte Zeit für das Vermessen ist ebenfalls von der Anzahl, der zu vermessenden Merkmale abhängig. Die dritte Zeitkomponente, die es zu beachten gilt, ist die Kommissionierzeit. Hier geht ausschließlich der Zeitfaktor, der durch die Handhabung der Werkzeuge für das Kommissionieren erforderlich ist, ein. Transportzeiten, die dann noch durch den Materialfluß verursacht werden, sind durch das Fertigungsleitsystem bereits im Bereitstellungstermin berücksichtigt. Zusammen ergibt sich eine bestimmte Verzugszeit, die vor dem Bereitstellungstermin der Betriebsmittel für den Fertigungseinsatz berücksichtigt werden muß. Dieser betriebsmittelinterne Bereitstellungstermin wird den einzelnen Aufträgen mitgegeben, um innerhalb der einzelnen Zellenbereiche die Bildung der Auftragsreihenfolge zu ermöglichen.

Die Verfügbarkeitsprüfung bezieht sich in diesem Stadium auf die Einschleusung bzw. die Bereitstellung der Werkzeuge im automatisierten Zellenbereich. Das Verwaltungssystem überprüft prophylaktisch bei Erreichen des geplanten Kommissionierzeitpunktes, ob die Werkzeuge alle vermessen zur Verfügung stehen bzw. zumindest in die Rüstzelle eingeschleust worden sind. Ist das nicht der Fall, wird der betroffene Montageauftrag im manuellen Bereich mit einer entsprechend hohen Priorität belegt und bei einzelnen Werkzeugen auch als Einzelauftrag in den Auftragsmonitor eingelastet. Da keine grundlegenden Kapazitätsprobleme vorliegen können, da ansonsten der Auftrag nicht gestartet worden wäre, muß die Verzögerung im manuellen Zellenbereich verursacht worden sein. Da aber durch das Verwaltungssystem kein Systemzustand als solcher vom manuellen Bereich erfragt werden kann, bleibt die Erhöhung der Priorität des Auftrages die grundsätzlich einzige Möglichkeit des Eingriffs.

## 6.4      Auftragseinlastung auf Zellenebene

Nachdem der Auftrag vom Verwaltungssystem generiert, terminlich abgestimmt und freigegeben ist, geht die Verantwortung über Durchführung und Koordination an die Zellensteuerung der Betriebsmittelzelle über.

Auf Zellenebene befindet sich sowohl die automatisierte Rüstzelle als auch der Bereich der manuellen Tätigkeiten. Dieser Bereich genießt eine extrovertierte Stellung in der Steuerungshierarchie des Betriebsmittelwesens. Der Bereich befindet sich zwar auf Ebene des Zellenrechners, da der manuelle Bereich als strukturell analog zum automatisierten Bereich betrachtet werden muß. Da organisatorisch aber keine Geräte anzusteuern sind, werden die Aufträge direkt vom Verwaltungssystem anhand eines Auftragsmonitors an die Mitarbeiter weitergegeben. Für die Auftragsabarbeitung auf Fertigungsebene sind somit diese beiden Bereiche getrennt voneinander zu betrachten.

### 6.4.1     Einlastung in den manuellen Bereich

Aus der Strukturierung des Gesamtsystems geht der Einsatz eines Zellenrechners für die Betriebsmittelzelle klar hervor. Da diese Zelle hybrid aufgebaut ist, wird der Zellenrechner im automatisierten Bereich angesiedelt. Im manuellen Bereich werden die Aufträge über einen Auftragsmonitor, der eine Teilfunktion des Verwaltungssystems darstellt, an das Personal weitergegeben.

Die Montageaufträge bzw. Bereitstellungsaufträge können von den Mitarbeitern aus dem Verwaltungssystem abgerufen werden. Die ideale Reihenfolge aus Sicht der Betriebsmittelplanung wird dem Werker vorgegeben. Die tatsächliche Reihenfolge kann natürlich durch ihn geändert werden, da das System rein nach Terminen optimiert, der Mensch jedoch nach Tätigkeiten bzw. Arbeitsabläufen. Um die eindeutige Bearbeitung sicherzustellen, wird der Auftrag durch den betreffenden Mitarbeiter allokiert. Sind die angeforderten Betriebsmittel montiert und bereitgestellt, bestätigt der Werker den Auftrag. Mit der Bestätigung geht in der Regel die Identifikation der Betriebsmittel einher. Das bedeutet, das im Verwaltungssystem der Montageauftrag fertig gemeldet wird, ein entsprechendes

Werkzeugindividuum angelegt und der Folgeauftrag, der zum Beispiel die Vermessung des Werkzeugs beinhaltet, generiert und an den Zellenrechner weitergegeben wird.

Grundlegende Kapazitätsprobleme können während dieser Phase des Auftrages nicht auftreten. Nicht planbare Verzögerungen bei der Montage können aber dennoch nicht ausgeschlossen werden. Geht eine Komponente zu Bruch, wird dadurch automatisch die Montage und damit auch die Bereitstellung verzögert. Ist ein Ersatzbauteil vorhanden, läuft der Auftrag planmäßig weiter. Sollte das Bauteil nicht mehr am Lager vorhanden sein, ergeht eine entsprechende Störungsmeldung an das Verwaltungssystem, das über geeignete störungsbehebende Maßnahmen zu entscheiden hat.

## 6.4.2   Durchsetzung des Bereitstellungsauftrags

Ist das Werkzeug montiert und mit einer eindeutigen Identnummer belegt worden, kann es in den automatisierten Zellenbereich eingeschleust werden. Je nach Werkzeug wird eine Vermessung durchgeführt oder ausschließlich kommissioniert. Um diese Aktionen durchführen zu können, spricht der Zellenrechner über spezielle Treiber die einzelnen Komponenten an. Die Aufträge, wie zum Beispiel Ein- oder Ausschleusen einzelner Werkzeuge, Vermessen, Kommissionieren oder Rüsten ganzer Werkzeugsätze, erhält der Zellenrechner vom übergeordneten Betriebsmittelverwaltungssystem.

Die Durchsetzung der Aufträge erfolgt gemäß dem bekannten Zellenrechnerschema. Die Erweiterungen, die in der Zellenrechnersoftware gemacht wurden, erlauben es nun, Sammelaufträge in die Zelle einzulasten, die der Zellenrechner eigenständig in einzelne voneinander unabhängige Einzelaufträge aufsplittet. Durch die Auftragsnummer, die alle Teilaufträge mitführen, bestehen keine Probleme den Originalauftrag fertig zu melden, wenn die neu entstandenen Splittaufträge abgearbeitet sind.

## 6.5   Bereitstellung der Betriebsmittel im Fertigungsbereich

Aufgabe des Betriebsmittelwesens ist es, die benötigten Fertigungshilfsmittel am Fertigungsort zur Verfügung zu stellen. Nachdem in den vorangegangenen Teilkapiteln die Steuerungsstruktur sowie deren Hierarchien dargestellt wurden, soll in diesem Abschnitt die physikalische Bereitstellung des Betriebsmittels, somit die einzelnen Stationen des Werkzeugkreislaufes vom Lager bis zum Einsatzort an der Maschine dargestellt werden. Hierbei soll noch einmal grob in den Bereich Bereitstellung in der Rüstzelle und Versorgung der Fertigungszelle unterschieden werden. Im Rahmen der einzelnen Punkte werden auch Aspekte der Störungsbewältigung auf den jeweiligen Ebenen betrachtet.

### 6.5.1   Bereitstellung der Betriebsmittel in der Rüstzelle

Der Werkzeugkreislauf beginnt im Lager und erstreckt sich im Bereich der Betriebsmittelzelle über Montage, Voreinstellung und Vermessung bis hin zum Kommissionieren für den Transport zur Fertigungszelle. Im Idealfall wird der Montageauftrag im manuellen Bereich gestartet. Der Werker entnimmt alle in der Stückliste zu diesem Werkzeug aufgelisteten Komponenten dem Lager. Durch Bestätigung der Entnahme werden die Lagerbestände entsprechend auf den aktuellen Stand gebracht. Nach der Montage und Voreinstellung des Werkzeugs auf seine Sollgeometrie, die dem Kenndatenblatt entnommen werden kann, wird die Identifikation dieses spezifischen Werkzeugindividuums vorgenommen. Durch die Identifikation, die durch den Bediener initiiert und durch das Verwaltungssystem ausgeführt wird, wird vom Verwaltungssystems der entsprechende Vermessungsauftrag generiert. Danach verläßt das Werkzeug den manuellen Bereich (Bild 6-10).

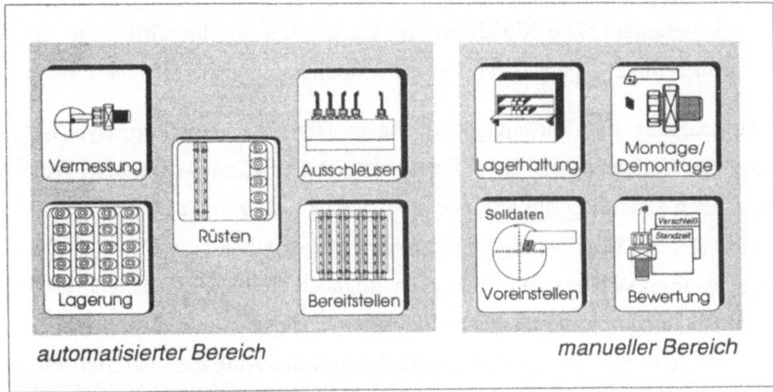


*Bild 6-10: Aufgliederung des Werkzeugkreislaufes in manuelle und automatisierbare Tätigkeiten*

Vor der Vermessung steht das Einschleusen des Werkzeugs in die Rüstzelle. Die Verwaltung des gesamten in der Rüstzelle zur Verfügung stehenden Lagerplatzes erfolgt im Rahmen des Zellenrechners. Sollte nun in der Meßmaschine kein Platz für die Vermessung des neuen Werkzeugs frei sein, wird es kurzfristig in der Zelle zwischengelagert. Der Vermessungsauftrag wird in eine Warteposition gesetzt. Sobald die Meßmaschine wieder über freie Kapazität verfügt, wird der angehaltene Auftrag wieder aufgenommen. Dieses Verfahren gründet auf den Ausweichstrategien des Zellenrechners und ist in einer begrenzten Aktionsautonomie des Zellenrechners verankert. Ein ähnlicher Vorgehen reproduziert der Zellenrechner immer dann, wenn die eigentlichen Zielpositionen der Handhabungsaktionen nicht freigegeben sind. Das Vermessen, Identifizieren oder Ein- und Ausschleusen von Werkzeugen wird durch den Zellenrechner angestoßen, zwischen den betroffenen Komponenten jedoch zusätzlich auf Steuerungsebene koordiniert. Die SPS, die die Steuerung und Koordination der Meßmaschine und des Werkzeugspeichers übernimmt, kommuniziert mit der Meßmaschine, dem Zellenrechner und dem Identifikationssystem. Sobald die Vermessung beendet ist, ergeht von seiten der SPS eine Fertigmeldung an den Zellenrechner, der daraufhin das Beschreiben des Identchips mit den ermittelten Meßwerten initiiert und nach Abschluß der Identifikation den Transport des Werkzeugs in den Lagerbereich veranlaßt. Die Meßdaten werden parallel zur Identifikation an den Zellenrechner weitergegeben, der für eine Aktualisierung der Datenbank sorgt.

Auf Anforderung des Fertigungsleitrechners gibt das Verwaltungssystem den Auftrag, die Werkzeuge auf einer Transportpalette zu kommissionieren. Wenn es sich um einen Eilauftrag mit nur einem Werkzeug handelt, wird dieses Werkzeug über die separate Schnittstelle zum mobilen Roboter bereitgestellt. Der Zellenrechner generiert sich aus den gemachten Angaben die entsprechenden Teilaktionen, holt die angeforderten Werkzeuge aus dem Lager und rüstet sie auf der Werkzeugpalette auf. Ab diesem Zeitpunkt sind die Aufgaben der Betriebsmittelzelle vorrangig erledigt.

## 6.5.2   Koordination des Materialflusses

Bei der Versorgung der Fertigungsanlagen spielt die Koordination zwischen dem Betriebsmittelwesen und dem Materialfluß des Fertigungssystems eine große Rolle. Hier sind zwei Punkte zu beachten. Zum einen muß eine entsprechende Transportpalette für die Betriebsmittel bereit gestellt werden, zum zweiten muß der Materialflußzellenrechner dafür sorgen, daß die bereitgestellten Betriebsmittel auch termingerecht an die Fertigungszelle transportiert werden.

In der Regel steht durch den permanenten Fluß der Betriebsmittel durch die Fertigung immer eine Palette für den Transport in der Rüstzelle zur Verfügung. Es kann allerdings sein, daß die Bestückung der Palette nicht für den geplanten Einsatz geeignet ist. Das bedeutet, bevor der Kommissionierauftrag ausgeführt werden kann, muß die notwendige Palettenkonfiguration erzeugt werden. Die Konfigurationen sind zum einen auf den Palettenchips codiert, zum anderen in der Datenbank abgelegt. Das Verwaltungssystem kann anhand der Art und der Anzahl der zu kommissionierenden Werkzeuge unterscheiden, welche Palettenkonfiguration für diesen Auftrag notwendig ist. Dafür stehen in der Rüstzelle alle notwendigen Komponenten zur Verfügung. Stimmen Anforderungen und Zustand nicht überein, wird ein entsprechender Umrüstauftrag ausgeführt. Ist ein Umrüsten der vorhandenen Palette nicht möglich, da eine spezifische maschinengebundene Palette eingesetzt werden muß, ist die frühzeitige Koordination mit dem Materialflußzellenrechner umso wichtiger.

Die eigentliche Koordinationsbasis stellt hier das Fertigungsleitsystem dar, das den Materialfluß von der Fertigungszelle in den Rüstbereich der Betriebsmittelzelle rechtzeitig einleiten und terminieren muß. Ein wichtiger Punkt bei der Bereitstellung der Werkzeugsätze ist die Beschriftung des Palettenchips. Sowohl die genaue Beschreibung der Palette, Art und Konfiguration, als auch die Beschreibung der einzelnen Betriebsmittel mit Identnummer und Standort auf der Palette sind im Fertigungsablauf sehr wichtig. Besonders für das Bestücken von Werkzeugmagazinen mittels Roboter bzw. auch per Hand ist es wichtig zu wissen, welches Werkzeug auf welchem Palettenplatz steht, da die Betriebsmittel rein äußerlich nicht zu identifizieren sind. Bevor der Werkzeugwechsel in der Maschine beginnt, werden über einen im Laststand der Palette angebrachten Lesekopf die Informationen aus dem Identchip der Palette gelesen und ausgewertet.

## 6.6    Entsorgung der Fertigungszelle

Eine ebenso wichtige Rolle wie die Versorgung der Fertigungsanlage spielt auch die Entsorgung und damit der Rücktransport der Betriebsmittel in die Betriebsmittelzelle. Entsprechend dem Werkzeugkreislauf schließt sich an den Rücktransport die Bewertung, Instandsetzung, Demontage und schließlich das Einlagern an. Was mit den einzelnen Betriebsmitteln genau geschieht, geht aus den aktuellen Zustandsdaten und gegebenenfalls aus festgelegten Prüfzyklen hervor.

Bereits das Abrüsten des Auftrages an der Fertigungszelle erfolgt in Koordination mit dem Verwaltungssystem. Sofern sich daraus Vorteile für den nachfolgenden Auftrag ergeben, verbleiben einzelne Werkzeuge in der Maschine. Alle anderen Werkzeuge werden auf einer entsprechenden Transportpalette in die Rüstzelle zurücktransportiert. Das Verwaltungssystem weiß durch das Fertigungsleitsystem welcher Auftrag als nächster in die Zelle zurückkommen wird und kann dem Betriebsmittelzellenrechner Anweisungen für das Abrüsten des Werkzeugsatzes geben. Ein Teil der Werkzeuge wird für weitere Aufträge neu verplant und verbleibt montiert im Rüstbereich, der andere Teil der Werkzeuge, deren Standzeit beispielsweise verbraucht ist, werden in den manuellen Bereich transportiert, wo sie demontiert werden.

Die Werkzeuge, die bereits für weitere Aufträge eingeplant sind, werden von der Transportpalette ins Zwischenlager der Rüstzelle geschleust und neu vermessen. Eine zweite Möglichkeit beim Abrüsten eines Werkzeugs besteht darin, daß das Werkzeug zwar aus dem Bereich der Rüstzelle in den manuellen Bereich ausgeschleust wird, dort aber nicht demontiert wird. Grund hierfür ist, daß die Lagerkapazität des Rüstbereiches beschränkt ist und die Reststandzeit der Werkzeuge für weitere Fertigungseinsätze noch ausreichend hoch ist. Solange das Werkzeug nicht demontiert ist, verliert es die Information über die Reststandzeit nicht. Durch seine eindeutige Identnummer ist dieses Werkzeug auch jederzeit wieder auffindbar und einsatzfähig. Ist hingegen die Standzeit eines Werkzeuges aufgebraucht oder wird es auf absehbare Zeit nicht mehr eingesetzt, wird es aus dem Rüstbereich ausgeschleust und kann im manuellen Bereich demontiert werden. Alle ausgeschleusten Werkzeuge werden durch das Personal demontiert und bewertet. Alle Schneidkörper, die weiterhin brauchbar sind, werden in die Instandsetzung gegeben. Alle anderen Schneidkörper, deren Verschleiß zu groß ist oder deren Instandsetzung nicht möglich ist, wie es zum Beispiel für Wendeschneidplatten der Fall ist, werden entsorgt. Bei der Demontage werden automatisch auch die entsprechenden Identnummern der einzelnen Werkzeuge gelöscht sowie die Bestände der einzelnen Komponenten entsprechend aktualisiert.

## 6.7   Zusammenfassung

Durch die Automatisierung eines Teils der Tätigkeiten, die im Rahmen des Betriebsmittelwesens für die Bereitstellung der benötigten Betriebsmittel auf Fertigungsebene erforderlich sind, kann in struktureller Analogie zu den Bearbeitungszellen des flexiblen Fertigungssystems eine eigenständige Betriebsmittelzelle aufgebaut und in das am iwb betriebene Fertigungssystem gleichrangig integriert werden.

Dem ganzheitlichen Ansatz, der für das Betriebsmittelwesen gefordert wird, kann durch den Einsatz eines Betriebsmittelleitsystems und einen der Zellenstruktur angepaßten Zellenrechner Folge geleistet werden. Die Aufgabe des Leitrechners übernimmt im Betriebsmittelbereich das Verwaltungssystem, das damit zugleich zur zentralen Informations- und Steuerungskomponente avanciert. Durch diese Steuerungsarchitektur kann gleichzeitig der vertikale Informationsfluß zwischen Planungs- bzw. Dispositionsebene und der Fertigungsebene realisiert werden.

Der Werkzeugzellenrechner, der auf dem Kern der im Fertigungsbereich eingesetzten Zellenrechner basiert, stellt die Brückenfunktion zwischen den administrativen Bereichen, in diesem Fall der Betriebsmittelorganisation, und dem ausführenden Bereich, der Betriebsmittelverwendung, dar. Die beiden Komponenten, Betriebsmittelzellenrechner und Leitsystemkomponente des Betriebsmittelverwaltungssystems, stellen eine Betriebsmittelsteuerung dar, die die terminliche Bereitstellung der Betriebsmittel und die permanente Synchronisation des Betriebsmittelbereiches mit der Fertigungssteuerung ermöglicht.

Anhand der Beschreibung eines realen Ablaufes wird die enge Verzahnung der einzelnen Bereiche auf Fertigungsebene sowie die direkte Beziehung und die Wechselwirkungen zwischen Fertigung und Planungsebene deutlich. Sowohl die Schaffung der Betriebsmittelzelle, als auch deren Implementierung in das flexible Fertigungssystem und die damit verbundene enge Anbindung des Betriebsmittelwesens an die Fertigungssteuerung ermöglichen einen effektiven und vor allem einen besser zu planenden und zu verfolgenden Einsatz gegebener Betriebsmittelressourcen.

# 7   Zusammenfassung und Ausblick

Die immerwährende Forderung nach geringeren Produktionskosten, kürzere Produktentwicklungs- und Fertigungszeiten ist und bleibt eines der Hauptkriterien, an denen sich leistungsfähige Unternehmen messen müssen. Die Einsparungspotentiale liegen hier zum einen in den administrativen und planenden Bereichen. Zum anderen liegen sie aber auch in den Produktionsbereichen, wo vor allen Dingen durch organisatorische Maßnahmen bestehende Potentiale erschlossen werden können.

Betrachtet man speziell das Umfeld der Fertigung in Hinblick auf mögliche Rationalisierungsansätze, stellt man fest, daß im Bereich der Produktionsanlagen die Potentiale bereits weitgehend ausgeschöpft sind. Ein sehr wichtiger Bereich des Fertigungsumfeldes, das Betriebsmittelwesen, wurde bislang allerdings bei diesen Betrachtungen meist als nicht relevant erachtet und daher außer acht gelassen. Hinter dem Betriebsmittelwesen verbirgt sich jedoch ein weitaus größerer Komplex, der in viele Bereiche des Unternehmens hineinspielt und vor allen Dingen auch durch die Vielzahl der Betriebsmittel eine hohe Kostenverantwortung in sich birgt. Mangelnde Information, Planung und Steuerung im Betriebsmittelwesen und eine fehlende Koordination zwischen Fertigung und Betriebsmittelbereitstellung sind hier die Hauptproblemfelder.

Im Rahmen dieser Arbeit wurde ein ganzheitliches Betriebsmittelwesen entwickelt, das gleichermaßen Aufgaben im planerischen Bereich als auch auf Fertigungsebene unterstützt und sich vollständig in die Umgebung eines flexiblen Fertigungssystems integrieren läßt. Um die Betrachtungen zu verdeutlichen, wird das Betriebsmittelwesen in zwei Bereiche unterteilt. Ein Bereich ist die Betriebsmittelorganisation, die auf Planungsebene angesiedelt ist und planenden, dispositiven Charakter aufweist. Der zweite Bereich wird als Betriebsmittelverwendung bezeichnet, beinhaltet die physikalische Bereitstellung der Betriebsmittel und erstreckt sich über Leit- und Zellenebene bis auf die Fertigungsebene.

Das Kernstück der Betriebsmittelorganisation ist das Betriebsmittelverwaltungssystem. Basierend auf einer relationalen Datenbank wurde hier ein System aufgebaut, das den Anforderungen an eine zentrale Informationskomponente im Bereich des Fertigungsvorfeldes genügt. Durch die informationstechnische Anbindung des Betriebsmittelwesens über die Datenbank des Verwaltungssystems an andere rechnergestützte Systeme des Fertigungsvorfeldes, konnte der bereichsübergreifende Informationsfluß in der Planungsebene realisiert werden. Durch eine sehr offenen Programmierung und Datenbankgestaltung konnte zudem eine hohe Flexibilität und Anpassungsfähigkeit des Systems erzielt werden. Der Anwender erfährt dabei durch die individuell gestalteten Bildschirmmasken eine für seine Anwendung spezifisch zugeschnittene Benutzerführung.

Der zweite Kernbereich betrifft die Leit- und Zellensteuerung sowie die Bereitstellung im Bereich der Betriebsmittelverwendung. Neben der Hauptaufgabe einer zentralen Informationskomponente beinhaltet das Verwaltungssystem zugleich die Funktion eines Leitsystems im Betriebsmittelwesen. Analog zum Fertigungsleitsystem übernimmt das Verwaltungssystem die Terminierung und Generierung der entsprechenden Bereitstellungsaufträge für das geplante Fertigungsspektrum. Ein zweiter Aspekt der Steuerfunktionen wird durch den Betriebsmittelzellenrechner realisiert. Durch den spezifisch auf die Belange der Betriebsmittelbereitstellung angepaßten Zellenrechner wird der vertikale Informationsfluß von der Planungsebene bis in die Fertigungsebene gewährleistet. Durch die beiden Systeme, Betriebsmittelverwaltung und Zellenrechner, kann die Durchgängigkeit des Informationsflusses sichergestellt und eine Betriebsmittelsteuerung, die mit der Fertigungssteuerung synchronisiert arbeitet, realisiert werden. Dieser Kernbereich erstreckt sich aber auch auf die physikalische Bereitstellung der Betriebsmittel. Durch die Automatisierung aller Routinetätigkeiten wurde eine hybride Betriebsmittelzelle aufgebaut, die sich durch die analoge Struktur zu anderen Fertigungszellen physikalisch ohne Probleme in das Fertigungssystem integrieren ließ. Die Ansteuerung des automatisierten Zellenbereiches erfolgt durch den Betriebsmittelzellenrechner. Der manuelle Bereich der Betriebsmittelzelle wird direkt durch das Verwaltungssystem angesprochen. Durch diese Automatisierung und Integration in das Fertigungssystem wird eine bessere Terminierbarkeit sowie Flexibilität der Bereitstellung erzielt.

Auf diesen beiden Kernbereichen basiert das integrierte Betriebsmittelwesen, das es nun ermöglicht, die gegebenen Betriebsmittelressourcen optimiert einzusetzen und so hilft, Kosten und Zeit im Fertigungsablauf zu senken.

Das Konzept des integrierten Betriebsmittelwesens wurde hier speziell für die Umgebung eines flexiblen Fertigungssystems mit Betonung auf die spanenden Werkzeuge realisiert. Während aller Phasen der Arbeit ist sehr deutlich zu Tage getreten, daß das Betriebsmittelwesen nicht allgemeingültig zu beschreiben ist. Auch die Untersuchungen in der Industrie haben das belegt. Sich ändernde Fertigungsprogramme, unterschiedliche organisatorische Fertigungsstrukturen oder die Steuerstrategie innerhalb eines Unternehmens haben starke Auswirkungen auf das Betriebsmittelwesen. Vor allem ist das Betriebsmittelwesen aber "Mittel zum Zweck". Im Vordergrund steht immer die Optimierung der Fertigung. Für das Betriebsmittelwesen bedeutet das, an verschiedenen Stellen nicht ein Optimum zu erreichen, sondern den besten Kompromiß zwischen den Belangen der Fertigung und des Betriebsmittelwesens zu finden.

Das hier realisierte System in seiner Gesamtheit von Planung, Steuerung und Bereitstellung von Betriebsmittel stellt somit eine spezifische Lösung für eine flexible Fertigungsstruktur dar. Durch entsprechende Änderungen kann es auch in anderen Strukturen eingesetzt werden. Es zeigt aber vor allem im Bereitstellungsbereich Möglichkeiten auf, stark manuell orientierte Bereiche unter Berücksichtigung des Mitarbeiters in voll automatisierte Strukturen der Fertigung einzubinden und die daraus erwachsenden Vorteile zu nutzen.

Vor allem im Bereich der Datenerfassung und Datenbereitstellung bieten sich auch in Zukunft noch verschiedene Rationalisierungsansätze. Durch allgemeingültige Schnittstellendefinitionen, beispielsweise für Werkzeugdaten, kann die Erfassung dieser Daten erheblich erleichtert und beschleunigt werden. Auch im Bereich der Betriebsmittelorganisation können weitere Rationalisierungseffekte erzielt werden, wenn der Mitarbeiter zusätzlich durch eine wissensbasierte Komponente bei der Planung, Optimierung und Auswahl von Betriebsmitteln und Beständen unterstützt wird.

# Literaturverzeichnis


[AIF 90]      AIF-Projekt 7488: Konzipierung und Realisierung eines Systems
              für die Betriebsmittelorganisation in der Fertigung und Fertigungs-
              planung, Abschlußbericht; Aachen 28. Februar 1990

[AWK 90a]     AWK Aachener Werkzeugmaschinen-Kolloquium, Weck, M.;
              Eversheim, W.; König, W.; Pfeifer, T.: Information und Organisa-
              tion als Produktionsfaktor, in: Wettbewerbsfaktor Produktions-
              technik; VDI-Verlag GmbH Düsseldorf 1990

[AWK 90b]     AWK Aachener Werkzeugmaschinen-Kolloquium, Weck, M.;
              Eversheim, W.; König, W.; Pfeifer, T.: Leistungsfähige Produkti-
              onsanlagen: Von der Maschine zum integrierten System, in: Wett-
              bewerbsfaktor Produktionstechnik; VDI-Verlag GmbH Düsseldorf
              1990

[BALB 92a]    Balbach, J.: Von Improvisation zu Organisation; SMM Schweizer
              Maschinenmarkt Nr. 25/1992; Seite 22-28

[BALB 92b]    Balbach, J.; Grolle, K.: Tool-Management erfolgreich einführen;
              VDI-Z-Special Werkzeuge August '92; Seite 6-21

[BELL 89]     Bellmann, B.; Becker, F.: Werkzeuge automatisch messen; Werk-
              statt und Betrieb 122 (1989) 10; Seite 865-871

[BRIT 93]     Brite/Euram Forschungsprojekt 3127: Integrated intelligent tool
              management and handling system, Synthesis Report; 1993

[BROE 89]     Broermann, E.: Optische Meßverfahren zur Geometrieerfassung an
              Fräs- und Bohrwerkzeugen; Fortschritt-Bericht VDI Reihe 8
              Nr. 188; VDI-Verlag GmbH Düsseldorf 1989

[BURM 86]     Burmester, H. J.: Optimierung spanender Formung; expert verlag
              Sindelfingen 1986

[CUSS 91]     Cussigh, G.: Datenhaltung als Grundlage eines Werkzeugorganisa-
              tionssystems; unveröffentlichte Tagungsunterlage zum Seminar
              "Rechnergestützte Betriebsmittelorganisation", Stuttgart 1991

[DIN 81]      DIN 4000: Sachmerkmal-Leisten; 1981

[DITT 90]     Dittmer, H.: Integrationskern Datenbank - ein Konzept für die Be-
              triebsmittelorganisation; Industrie-Anzeiger 55/1990; Seite 44-45

[DITT 92a]    Dittmer, H.; Tönshoff, H. K.: Werkzeuge in der rechnerunterstütz-
              ten Konstruktion und Planung; in: Sonderforschungsbereich 300,

Werkzeuge und -Werkzeugsysteme der Metallbearbeitung, Arbeits-
und Ergebnisbericht 1990-92

[DITT 92b]   Dittmer, H.: Entwicklung eines Modellierungssystems für Werk-
stattprozesse; Fortschritt-Berichte VDI Reihe 2 Nr. 283; VDI-Verlag GmbH Düsseldorf 1992

[EDER 90]   Eder, Th.; Glas, J.; Nedeljkovic, V.: Prototypenentwicklung eines
stationären Zellenrechner- und eines Materialflußzellenrechner-
Softwarepakets - Konzeptdokumentation; Institut für Werkzeugmaschinen und Betriebswissenschaften, unveröffentlichte Dokumenta-
tion 1990

[EHL 91]   Ehl, M.; Reichel, H.: Analyse und Aufbau der Werkzeugversorgung
für ein flexibles Fertigungssystem; VDI-Z 133 (1991) Nr. 2,
Seite 38-42

[EVER 89a]   Eversheim, W.: Organisation in der Produktionstechnik, Band 3;
VDI Verlag GmbH Düsseldorf 1989

[EVER 89b]   Eversheim, W.: Organisation in der Produktionstechnik, Band 4;
VDI-Verlag GmbH Düsseldorf 1989

[FRIE 90]   Friedl, A.; Dittrich, V.; Wiechmann, R.: Automatisierter Werkzeugfluß in flexiblen Fertigungssystemen; ZwF 85 (1990) 2;
Seite 107-112

[GLAS 93]   Glas, J.: Standardisierter Aufbau anwendungsspezifischer Zellenrechnersoftware, Springer-Verlag 1993

[GRAN 89]   Granow, R.: Rationalisierungspotential Betriebsmittelmanagement;
ZwF 84 (1989) 6; Seite 316-320

[GROH 88]   Groha, A.: Universelles Zellenrechnerkonzept für flexible
Fertigungssysteme; Springer-Verlag 1988

[GROS 89]   Grossmann, B; Klaiber, F.; Grün, B.: Werkzeugverwaltung, eine
entscheidende Komponente für die Flexibilität hochautomatisierter
Fertigungseinrichtungen; VDI-Z 131 (1989) Nr. 8, Seite 82-87

[HAKE 91]   Hake, U.: Strategie zur Planung und Einführung einer rechnergestützten Werkzeugorganisation; unveröffentlichte Tagungsunterlage
zum Seminar "Rechnergestützte Betriebsmittelorganisation", Stutt-
gart 1991

[HAPP 90]   Happersberger, G.: Werkzeugorganisation, der schwierige Über-
gang von der Theorie zur Praxis; Werkzeuge August '90,
Seite 75-83

[KETT 92]   Kettner, P.; Sprung, M.: Neutrales Datenformat zur Übertragung
            von Werkzeugdaten - eine externe CIM-Schnitttelle; in: Arbeitspla-
            nung - das Bindeglied zwischen Konstruktion und Fertigung, Inter-
            nationaler VDI-Kongreß zur Systec '92; VDI-Verlag GmbH Düs-
            seldorf 1992

[KOEP 91]   Koepfer, Th.: 3D-graphisch interaktive Arbeitsplanung - ein Ansatz
            zur Aufhebung der Arbeitsteiligkeit; Springer-Verlag 1991

[KÖNI 84]   König, W.: Fertigungsverfahren, Bd.1: Drehen, Fräsen, Bohren;
            VDI-Verlag GmbH Düsseldorf 1984

[KUPE 91]   Kupec, Th.; Wissensbasiertes Leitsystem zur Steuerung flexibler
            Fertigungsanlagen; Springer-Verlag 1991

[LAMP 89]   Lampkemeyer, U.; Dittmer, H.; Petersen, W.: Werkzeugwesen als
            Teil des Ressourcenmanagements; ZwF 84 (1989) 7; Seite 388-391

[MART 91a]  Martens, R.: Konzeption eines Informationssystems für das Werk-
            zeugwesen; Fortschritt-Berichte VDI Reihe 2 Nr. 236; VDI Verlag
            GmbH Düsseldorf 1991

[MART 91b]  Martens, R.; Dittmer, H.: Zuordnung von Werkzeug und Werk-
            zeugdaten; VDI-Z 133 (1991) Nr. 4; Seite 90-96

[MAYE 88]   Mayer, J.: Werkzeugorganisation für flexible Fertigungszellen und -
            systeme; Springer-Verlag 1988

[MILB 90]   Milberg, J.; Schrüfer, N.; Zipper, B.: Aspekte des Einsatzes zentra-
            ler Werkzeugverwaltungssysteme; wt Werkstattstechnik 80 (1990);
            Seite 497-501

[MILB 91]   Milberg, J.: Wettbewerbsfaktor Zeit in Produktionsunternehmen; in:
            Münchener Kolloquium '91, Wettbewerbsfaktor Zeit in Produkti-
            onsunternehmen; Springer-Verlag 1991

[MILB 92]   Milberg, J.: Von CAD/CAM zu CIM; CIM-Fachmann; Springer-
            Verlag, Verlag TÜV-Rheinland GmbH, Köln 1992

[MORG 92]   Morgenweck, H; Pietrzak, R.: Tool Management Systeme - TMS in
            der Auftragsabwicklung; in: Arbeitsplanung - das Bindeglied zwi-
            schen Konstruktion und Fertigung, Internationaler VDI-Kongreß
            zur Systec '92; VDI-Verlag GmbH Düsseldorf 1992

[MÜLL 91]   Müller, W.; Baumbach, J.: <<Unproduktive>> Betriebsbereiche im
            Rampenlicht; SMM Schweizer Maschinenmarkt Nr. 24/1991;
            Seite 48-49

[N.N. 89]     N.N.: Rationalisierung, mangelhafte Werkzeugdisposition wird zum Engpaß; fertigung August 1989; Seite 62-66

[N.N. 90a]    N.N.: Meilensteine in der Fertigungstechnologie; Flexible Fertigung 3/90; Seite 63-66

[N.N. 90b]    N.N.: Language Reference Manual for Ingres/Windows4GL, Release 6; Ingres Corporation Alameda (USA) 1990

[N.N. 90c]    N.N.: INGRES/Embedded SQL Companion Guide for C, Release 6.3; Ingres Corporation Alameda (USA) 1990

[N.N. 91]     N.N.: INGRES/SQL Reference Manual, Release 6.4; Ingres Corporation Alameda (USA) 1991

[N.N. 92]     N.N.: Die Zeit- und Kostenbremse; fertigung September 1992; Seite 68-72

[NEDE 91]     Nedeljkovic, V.; Ebner C.: Rechner steuert Produktionszelle; Die Neue Fabrik 1991; Seite 81-84

[NEDE 93]     Nedeljkovic-Groha, V.; Zipper, B.: Objektnahe Datenhaltung im Fertigungsbereich; ZwF 88 (1993) 1; Seite 20-23

[PAUL 92]     Pauls, A.: Rechnerunterstützte Werkzeugverwaltung zur Koordinierung des Werkzeugflusses und auf der Werkstattebene, Neue Möglichkeiten der Werkzeugdisposition; Dissertation RWTH Aachen; 1992

[PETE 90]     Petersen, W.: Modellierung des Werkzeugwesens für ein integriertes Datenbanksystem; Fortschritt-Berichte VDI Reihe 2 Nr. 190; VDI-Verlag GmbH Düsseldorf 1990

[PETK 92]     Petkovic, D.: Ingres - Das relationale Datenbanksystem mit Knowledge-Base und Object-Base; Addison Wesley (Deutschland) GmbH 1992

[PIET 89]     Pietrzak, R.: Entwicklung fertigungstechnischer Anwendungen von Datenbanksystemen; Fortschritt-Berichte VDI Reihe 2 Nr. 168; VDI-Verlag GmbH Düsseldorf 1989

[RIED 92]     Riederer, H.: Einsatz eines Tool-Management-Systems in der betrieblichen Praxis; in: Arbeitsplanung - das Bindeglied zwischen Konstruktion und Fertigung, Internationaler VDI-Kongreß zur Systec '92; VDI-Verlag GmbH Düsseldorf 1992

[ROMB 93]     Romberg, A.: Konzepte zur systematischen betriebsspezifischen Analyse und Neustrukturierung des Werkzeugwesens im Sinne des

integrierten Toolmanagements; Dissertation Universität
Kaiserslautern; 1993

[SCHO 90]   Scholz-Reiter, B.: Datenkommunikation zwischen DV-Applikatio-
nen; in: CIM Expertenwissen für die Praxis; R. Oldenbourg Verlag
1990

[SCHR 92]   Schrüfer, N.: Erstellung eines 3D-Simulationssystems zur Reduzierung von Rüstzeiten bei der NC-Bearbeitung; Springer-Verlag 1992

[SHAH 91]   Shah, R.: Flexible Fertigungssysteme in Europa: Erfahrungen der
Anwender; VDI-Z 133 (1991) Nr. 6; Seite 16-30

[SOLI 87]   Soliman, M.: Rechnerunterstützte Optimierung des Betriebsmittelflusses in flexibel automatisierten Fertigungen; Fortschritt-Berichte
VDI Reihe2 Nr. 133; VDI-Verlag GmbH Düsseldorf 1987

[SPRU 93]   Sprung, M.: Sachmerkmalleisten für Zerspanwerkzeuge - Grundlage für einen elektronischen Datenaustausch; VDI-Z 135 (1993)
Nr. 5; Seite 47-50

[SPUR 84]   Spur, G.; Krause, F.-L.; CAD-Technik, Lehr- und Arbeitsbuch für
die Rechnerunterstützung in Konstruktion und Arbeitsplanung; Carl
Hanser Verlag München Wien 1984

[STEI 84]   Steinhilber H.: Planung und Realisierung von Werkzeugversor-
gungssystemen für die NC-Bearbeitung; Springer Verlag 1984

[STOR 86]   Storr, A.; Mayer, J.; Walker, M.: Werkzeugorganisation mit
Schnittstelle zu Fertigungsleitsystemen; wt - Zeitschrift für indu-
strielle Fertigung 76 (1986); Seite 287-291

[STOR 87]   Storf, R.: Drehen - Grundlagen und Anwendungstechnik; Plansee
Tizit GmbH (Hrsg.); VDI-Verlag Düsseldorf 1987

[STOR 92]   Storr, A.; Ordenewitz, R.: Integrierte Datenhaltung für die be-
triebsweite Werkzeugorganisation; ZwF 87 (1992) 1; Seite 47-50

[TÖNS 89]   Tönshoff, H. K.; Rudolph, F. N.: Neue Ansätze zum Zusammenwirken von Konstruktion und Fertigung in der flexiblen Produktion;
ZwF 84 (1989) 5; Seite 253-257

[TÖNS 91]   Tönshoff, H. K.; Hollemann, Ch.; Kaestner, W.: Effektives Toolmanagement nutzt Technologie und Information; NC-Fertigung
4/91; Seite 178-185

[TÖNS 92a]  Tönshoff, H. K.; Erhan, A.; Rohde, B.: Marktübersicht Werkzeug-
identifikationssysteme; VDI-Z 134 (1992) Nr. 1; Seite 63-67

[TÖNS 92b]  Tönshoff, H. K.; Leinhäuser, U.; Goebel, D.: Controlling im Werkzeugwesen; wt Juli/August 1992; Seite 52-54

[TÖNS 92c]  Tönshoff, H. K.; Harstorff, M.; Rohde, B.: Objektorientierte Datenmodellierung am Beispiel der Werkzeugorganisation; VDI-Z 134 (1992) Nr. 11; Seite 82-84

[TÖNS 92d]  Tönshoff, H. K.; Hastorff, M.; Hollemann, Ch.: Toolmanagement für die Praxis, Wie sich Software-Systeme unterscheiden; wt Januar 1992; Seite 54-62

[TÖNS 93]  Tönshoff, H. K.; Hollemann, Ch.: Objektorientiertes Ressourcendatenmanagement auf Basis aktiver, dynamischer Sachmerkmalleisten; VDI-Z 135 (1993) Nr. 1/2; Seite 73-76

[VDI 71]  VDI-Richtlinie 3320: Werkzeugnummerung - Werkzeugordnung; Februar 1971

[VDI 78]  VDI-Richtlinie 2815: Begriffe für die Produktionsplanung und -steuerung - Betriebsmittel, Blatt 5; Mai 1978

[VDW 93]  VDW Verein Deutscher Werkzeugmaschinenfabriken e.V.: Schnittstellen in der Datenbankgestützten Werkzeugorganisation; Forschungsberichte; Februar 1993

[VIEH 86]  Viehweger, B.: Planung von Fertigungssystemen mit automatisiertem Werkzeugfluß; Carl Hanser Verlag 1986

[VIEH]  Viehweger, B.: Wirtschaftliches Toolmanagement bei Bearbeitungszentren mit Ketten- und Cassettenmagazinen; Fritz Werner Werkzeugmaschinen AG Berlin

[WARN 91]  Warnecke, G.; Romberg, A.; Homscheid, R.: Toolmanagement: Organisatorische Strukturierung des Werkzeugwesens, Teil 1: Ansätze zur Rationalisierung; VDI-Z 133 (1991) Nr. 9; Seite 89-96

[WECK 91]  Weck, M.; Pauls, A.: Betriebsmittelorganisation - Neue Wege zur Koordination des Betriebsmittelflusses; wt Werkstattstechnik 81 (1991); Seite 41-44

[WEST 86]  Westkämper, E.: Auftragsabwicklung in der computerintegrierten und automatisierten Fertigung; in: Rechnerintegrierte Konstruktion und Produktion 1986; Internationaler CIM-Kongreß zur Systec '86; VDI-Verlag GmbH Düsseldorf 1986

[WIEN 88a]  Wienand, L.: Konzeption einer überbetrieblichen Werkzeugdatenbank, Ein Beitrag zur Verbesserung der Produktinformation für Zerspanwerkzeuge mit geometrisch bestimmten Schneiden; Dissertation RWTH Aachen; 1988

[WIEN 88b]   Wiendahl, H.-P.; Ullmann, W.: Anforderungen an die Bereitstellungsplanung von Werkzeugen in einer Fertigungssteuerung; Werkstatt und Betrieb 121 (1988); Seite 133-136

[WITT 92]   Witte, H.-H.; Erhan, A.; Fu, Z.; Wahlers, Th.; Dräger, H.: Werkzeuge und Werkzeugsysteme der Metallbearbeitung, Teil 4: Werkzeugplanung und -organisation; VDI-Z 134 (1992) Nr. 6; Seite 68-75

[ZIPP 91]   Zipper, B.: Werkzeugbereich - ein Rationalisierungspotential; Die neue Fabrik 1991; Seite 55-59

[ZIPP 92]   Zipper, B.; Nedeljkovic-Groha, V.: Betriebsmittelidentifikation in der rechnergeführten Fertigung; Technica 17/92; Seite 14-19

# iwb Forschungsberichte

Berichte aus dem Institut für Werkzeugmaschinen und Betriebswissenschaften
der Technischen Universität München

Herausgeber: Prof. Dr.-Ing. J. Milberg


**1 Streifinger, E.**
Beitrag zur Sicherung der Zuverlässigkeit und Verfügbarkeit
moderner Fertigungsmittel
1986. 72 Abb. 167 Seiten, ISBN 3-540-16391-3     68,- DM

**2 Fuchsberger, A.**
Untersuchung der spanenden Bearbeitung von Knochen
1986. 90 Abb. 175 Seiten, ISBN 3-540-16392-1     68,- DM

**3 Maier, C.**
Montageautomatisierung am Beispiel des Schraubens mit
Industrierobotern
1986. 77 Abb. 144 Seiten, ISBN 3-540-16393-X     68,- DM

**4 Summer, H.**
Modell zur Berechnung verzweigter Antriebsstrukturen
1986. 74 Abb. 197 Seiten, ISBN 3-540-16394-8     68,- DM

**5 Simon, W.**
Elektrische Vorschubantriebe an NC-Systemen
1986. 141 Abb. 198 Seiten, ISBN 3-540-16693-9     68,- DM

**6 Büchs, S.**
Analytische Untersuchungen zur Technologie der Kugelbearbeitung
1986. 74 Abb. 173 Seiten, ISBN 3-540-16694-7     68,- DM

**7 Hunzinger, I.**
Schneiderodierte Oberflächen
1986. 79 Abb. 162 Seiten, ISBN 3-540-16695-5     68,- DM

**8 Pilland, U.**
Echtzeit-Kollisionsschutz an NC-Drehmaschinen
1986. 54 Abb. 127 Seiten, ISBN 3-540-17274-2     68,- DM

**9 Barthelmeß, P.**
Montagegerechtes Konstruieren durch die Integration
von Produkt- und Montageprozeßgestaltung
1987. 70 Abb. 144 Seiten, ISBN 3-540-18120-2     68,- DM

**10 Reithofer, N.**
Nutzungssicherung von flexibel automatisierten Produktionsanlagen
1987. 84 Abb. 176 Seiten, ISBN 3-540-18440-6     68,- DM

**11 Diess, H.**
Rechnerunterstützte Entwicklung flexibel automatisierter
Montageprozesse
1988. 56 Abb. 144 Seiten, ISBN 3-540-18799-5     73,- DM

12  Reinhart, G.
Flexible Automatisierung der Konstruktion
und Fertigung elektrischer Leitungssätze
1988, 112 Abb. 197 Seiten, ISBN 3-540-19003-1                    73,- DM

13  Bürstner, H.
Investitionsentscheidung in der rechnerintegrierten Produktion
1988, 77Abb. 190 Seiten, ISBN 3-540-19099-6                      73,- DM

14  Groha, A.
Universelles  Zellenrechnerkonzept für flexible Fertigungssysteme
1988, 74 Abb. 153 Seiten, ISBN 3-540-19182-8                     73,- DM

15  Riese, K.
Klipsmontage mit Industrierobotern
1988, 92 Abb. 150 Seiten, ISBN 3-540-19183-6                     73,- DM

16  Lutz, P.
Leitsysteme für rechnerintegrierte Auftragsabwicklung
1988, 44 Abb. 144 Seiten, ISBN 3-540-19260-3                     73,- DM

17  Klippel, C.
Mobiler Roboter im Materialfluß eines flexiblen Fertigungssystems
1988, 86 Abb. 164 Seiten, ISBN 3-540-50468-0                     73,- DM

18  Rascher, R.
Experimentelle Untersuchungen  zur  Technologie der Kugelherstellung
1989, 110 Abb. 200 Seiten, ISBN 3-540-51301-9                    73,- DM

19  Heusler, H.-J.
Rechnerunterstützte Planung flexibler Montagesysteme
1989, 43 Abb. 154 Seiten, ISBN 3-540-51723-5                     73,- DM

20  Kirchknopf, P.
Ermittlung modaler Parameter aus Übertragungsfrequenzgängen
1989, 57 Abb. 157 Seiten, ISBN 3-540-51724                       73,- DM

21  Sauerer, Ch.
Beitrag für ein Zerspanprozeßmodell Metallbandsägen
1990, 89 Abb. 166 Seiten, ISBN 3-540-51868-1                     78,- DM

22  Karstedt, K.
Positionsbestimmung  von Objekten in der Montage-
und Fertigungsautomatisierung
1990, 92 Abb. 157 Seiten, ISBN 3-540-51879-7                     78,- DM

23  Peiker, St.
Entwicklung eines integrierten NC-Planungssystems
1990, 66 Abb. 180 Seiten, ISBN 3-540-51880-0                     78,- DM

24  Schugmann, R.
Nachgiebige Werkzeugaufhängungen für die automatische Montage
1990. 71 Abb. 155 Seiren, ISBN 3-540-52138-0                     78,- DM

25  **Wrba, P**
Simulation als Werkzeug in der Handhabungstechnik
1990, 125 Abb., 178 Seiten, ISBN 3-540-52231-X                     78,- DM

26  **Eibelshäuser, P.**
Rechnerunterstützte experimentelle Modalanalyse
mitells gestufter Sinusanregung
1990, 79 Abb., 156 Seiten, ISBN 3-540-52451-7                      78,- DM

27  **Prasch, J.**
Computerunterstützte Planung von chirurgischen Eingriffen
in der Orthopädie
1990, 113 Abb., 164 Seiten, ISBN 3-540-52543-2                     78,- DM

28  **Teich, K.**
Prozeßkommunikation und Rechnerverbund in der Produktion
1990, 52 Abb., 158 Seiten, ISBN 3-540-52764-8                      78,- DM

29  **Pfrang, W.**
Rechnergestützte und graphische Planung manueller
und teilautomatisierter Arbeitsplätze
1990, 59 Abb., 153 Seiten, ISBN 3-540-52829-6                      78,- DM

30  **Tauber, A.**
Modellbildung kinematischer Stukturen
als Komponente der Montageplanung
1990, 93 Abb., 190 Seiten, ISBN 3-540-52911-X                      78,- DM

31  **Jäger, A.**
Systematische Planung komplexer Produktionssysteme
1991, 75 Abb., 148 Seiten, ISBN 3-540-53021-5                      78,- DM

32  **Hartberger, H.**
Wissensbasierte Simulation komplexer Produktionssysteme
1991, 58 Abb., 154 Seiten, ISBN 3-540-53326-5                      78,- DM

33  **Tuczek H.**
Inspektion von Karosseriepreßteilen auf Risse und Einschnürungen
mittels Methoden der Bildverarbeitung
1992, 125 Abb., 179 Seiten, ISBN 3-540-53965-4                     88,- DM

34  **Fischbacher, J.**
Planungsstrategien zur strömungstechnischen Optimierung
von Reinraum–Fertigungsgeräten
1991, 60 Abb., 166 Seiten, ISBN 3-540-54027-X                      78,- DM

35  **Moser, O.**
3D–Echtzeitkollisionsschutz für Drehmaschinen
1991, 66 Abb., 177 Seiten, ISBN 3-540-54076-8                      78,- DM

36  **Naber, H.**
Aufbau und Einsatz eines mobilen Roboters mit
unabhängiger Lokomotions– und Manipulationskomponente
1991, 85 Abb., 139 Seiten, ISBN 3-540-54216-7                      78,- DM

37  **Kupec, Th.**
Wissensbasiertes Leitsystem zur Steuerung flexibler Fertigungsanlagen
1991, 68 Abb., 150 Seiten, ISBN 3-540-54260-4                      78,- DM

38  **Maulhardt, U.**
Dynamisches Verhalten von Kreissägen
1991, 109 Abb., 159 Seiten, ISBN 3-540-54365-1                    78,– DM

39  **Götz, R.**
Stukturierte Planung flexibel automatisierter Montagesysteme
für flächige Bauteile
1991,  86 Abb., 201 Seiten, ISBN 3-540-54401-1                    78,– DM

40  **Koepfer, Th.**
3D- grafisch-interaktive Arbeitsplanung – ein Ansatz
zur Aufhebung der Arbeitsteilung
1991, 74 Abb., 126 Seiten, ISBN 3-540-54436-4                     78,– DM

41  **Schmidt, M.**
Konzeption und Einsatzplanung flexibel automatisierter
Montagesysteme
1992, 108 Abb., 168 Seiten, ISBN 3-540-55025-9                    88,– DM

42  **Burger, C.**
Produktionsregelung mit entscheidungsunterstützenden
Informationssystemen
1992, 94 Abb., 186 Seiten, ISBN 5-540- 55187-5                    88,– DM

43  **Hoßmann, J.**
Methodik zur Planung der automatischen Montage von nicht
formstabilen Bauteilen
1992, 73 Abb., 168 Seiten, ISBN 3-540-5520-0                      88,– DM

44  **Petry, M.**
Systematik zur Entwicklung eines modularen Programm-
baukastens für robotergeführte Klebeprozesse
1992, 106 Abb., 139 Seiten ISBN 3-540-55374-6                     88,– DM

45  **Schönecker, W.**
Integrierte Diagnose in Produktionszellen
1992, 87 Abb., 159 Seiten, ISBN 3-540-55375-4                     88,– DM

46  **Bick, W.**
Systematische Planung hybrider Montagesyste unter
Berücksichtigung der Ermittlung des optimalen Automatisierungsgrades
1992, 70 Abb., 156 Seiten  ISBN 3-540-55377-0                     88,– DM

47  **Gebauer, L.**
Prozeßuntersuchungen zur automatisierten Montage
von optischen Linsen
1992, 84 Abb., 150 Seiten, ISBN 3-540- 55378-9                    88,– DM

48  **Schrüfer, N.**
Erstellung eines 3D–Simulationssystems zur Reduzierung
von Rüstzeiten bei der NC–Bearbeitung
1992, 103 Abb., 161 Seiten, ISBN 3-540-55431-9                    88,– DM

49  **Wisbacher, J.**
Methoden zur rationellen Automatisierung der Montage
von Schnellbefestigungselementen
1992, 77 Abb., 176 Seiten, ISBN 3-540-55512-9                     88,– DM

50  **Garnich. F.**
Laserbearbeitung mit Robotern
1992, 110 Abb., 184 Seiten, ISBN 3-540- 55513-7                   88,– DM

51  **Eubert, P.**
Digitale Zustandsregelung elektrischer Vorschubantriebe
1992, 89 Abb., 159 Seiten, ISBN 3-540-44441-2                88,– DM

52  **Glaas, W.**
Rechnerintegrierte Kabelsatzfertigung
1992, 67 Abb., 140 Seiten, ISBN 3-540-55749-0                88,– DM

53  **Helml, H. J.**
Ein Verfahren zur on-line Fehlererkennung und Diagnose
1992, 60 Abb., 153 Seiten, ISBN 3-540-55750-4                88,– DM

54  **Lang, Ch.**
Wissensbasierte Unterstützung der Verfügbarkeitsplanung
1992, 75 Abb., 150 Seiten, ISBN 3-540-55751-2                88,– DM

55  **Schuster, G.**
Rechnergestütztes Planungssystem für die flexibel
automatisierte Montage
1992, 67 Abb., 135 Seiten, ISBN 3-540-55830-6                88,– DM

56  **Bomm, H.**
Ein Ziel- und Kennzahlensystem zum Investitionscontrolling
komplexer Produktionssysteme
1992, 87 Abb., 195 Seiten, ISBN 3-540-55964-7                88,– DM

57  **Wendt, A.**
Qualitätssicherung in flexibel automatisierten Montagesystemen
1992, 74 Abb., 179 Seiten, ISBN 3-540-56044-0                88,– DM

58  **Hansmaier, H.**
Rechnergestütztes Verfahren zur Geräuschminderung
1993, 67 Abb., 156 Seiten, ISBN 3-540-56043-2                88,– DM

59  **Dilling, U.**
Planung von Fertigungssystemen unterstützt
durch Wirtschaftlichkeitssimulation
1993, 72 Abb., 146 Seiten, ISBN 3-540-56307-5                88,– DM

60  **Strohmayr, R.**
Rechnergestützte Auswahl und Konfiguration
von Zubringeinrichtungen
1993, 80 Abb., 152 Seiten, ISBN 3-540-56652-X                88,– DM

61  **Glas, J.**
Standardisierter Aufbau anwendungsspezifischer
Zellenrechnersoftware
1993, 80 Abb., 145 Seiten, ISBN 3-540-56890-5                88,– DM

62  **Stetter, R.**
Rechnergestützte Simulationswerkzeuge zur
Effizienzsteigerung des Industrierobotereinsatzes
1994, 91 Abb., 146 Seiten, ISBN 3-540-568891                88,– DM

63  **Dirndorfer, A.**
Robotersysteme zur förderbandsynchronen Montage
1993, 76 Abb, 144 Seiten, ISBN 3-540-57031-4                88,– DM

64  **Wiedemann, M.**
Simulation des Schwingungsverhaltens spanender Werkzeugmaschinen
1993, 81 Abb., 137 Seiten, ISBN 3-540-57177-9                88,– DM

65  **Woenckhaus, Ch.**
Rechnergestütztes System zur automatisierten 3D-Layoutoptimierung
1994, 81 Abb., 140 Seiten, ISBN 3540-57284-8                                88,- DM

66  **Kummetsteiner, G.**
3D-Bewegungssimulation als integratives Hilfsmittel zur Planung
manueller Montagesysteme
1994, 62 Abb.; 146 Seiten, ISBN 3-540-57535-9                              88,- DM

67  **Kugelmann, F.**
Einsatz nachgiebiger Elemente zur wirtschaftlichen Automatisierung
von Produktionssystemen
1993, 76 Abb., 144 Seiten, ISBN 3-540-57549-9                              88,- DM

68  **Schwarz, H.**
Simulationsgestützte CAD/CAM-Kopplung für die 3D-Laserbearbeitung
mit integrierter Sensorik
1994, 96 Abb., 148 Seiten, ISBN 3-540-57577-4                              88,- DM

69  **Viethen, U.**
Systematik zum Prüfen in Flexiblen Fertigungssytemen
1994, 70 Abb., 142 Seiten, ISBN 3-540-57794-7                              88,- DM

70  **Seehuber, M.**
Automatische Inbetriebnahme geschwindigkeitsadaptiver Zustandsregler
1994, 72 Abb., 155 Seiten, ISBN 3-540-57896-X                              88,- DM

71  **Amann, W.**
Eine Simulationsumgebung für Planung und Betrieb
von Produktionssystemen
1994, 71 Abb., 129 Seiten, ISBN 3-540-57924-9                              88,- DM

73  **Welling, A.**
Effizienter Einsatz bildgebender Sensoren zur Flexibilisierung
automatisierter Handhabungsvorgänge
1994, 66 Abb., 139 Seiten, ISBN 3-540-580-0                                88,- DM

74  **Zetlmayer, H.**
Verfahren zur simulationsgestützen Produktionsregelung
in der Einzel- und Kleinserienproduktion
1994, 62 Abb., 143 Seiten, ISBN 3-540-58134-0                              88,- DM

75  **Lindl, M.**
Auftragsleittechnik für Konstruktion und Arbeitsplanung
1994, 66 Abb,. 147 Seiten, ISBN 3-540-58221-5                              88,- DM

76  **Zipper, B.**
Das integrierte Betriebsmittelwesen – Baustein einer flexiblen Fertigung
1994, 64 Abb., 147 Seiten, ISBN 3-540-58222-3                              88,- DM

78  **Engel, A.**
Strömungstechnische Optimierung von Produktionssystemen
durch Simulation
1994, 69 Abb., 160 Seiten, ISBN 3-540-58258-4                              88,- DM


---


Die Bände sind im Erscheinungsjahr und in den Folgenden drei Kalenderjahren
zu beziehen durch den örtlichen Buchhandel
oder durch Lange & Springer, Otte-Suhr-Allee 26-28, 10585 Berlin